电磁频谱战科普系列丛书

电磁频谱管理
无形世界的守护者

郭兰图　刘玉超　李雨倩　王　凡
葛云露　王　瑞　牟伟清　王天义　著
丁　宁　张江明　单中尧

国防工业出版社
·北京·

内 容 简 介

本电磁波无疆无界，看不见，摸不着，跳动于无形空间，渗透在每个角落。电磁频谱像土地、森林、矿藏一样，是一种稀缺的自然资源，为人类共同拥有，军民共用、敌我共用、国际共用，具有资源无限性和使用有限性的特点。电磁频谱在经济、军事等领域的广泛应用，使其逐渐从后台走向前台，世界范围内的频谱资源争夺日益激烈。

本书从电磁波的发现开篇，围绕电磁频谱的前世今生，全面地阐述了电磁波、电磁频谱、电磁环境、频谱管理的基本概念、主要内容、相关技术、精彩事例，还包含管理流程、规则和方法的介绍，并生动讲述了频谱管理在人类生产生活以及现代战争中的典型应用。本书深入浅出地介绍的电磁频谱管理的发展历程，分析了电磁频谱蕴藏的巨大经济军事价值及面临的激烈国际争夺，期望能够引导各位读者关注电磁频谱领域，创造"人人争当频谱卫士"的良好局面，同时也可为广大无线电爱好者和电磁频谱管理相关从业人员提供帮助和指导。

图书在版编目（CIP）数据

电磁频谱管理：无形世界的守护者/郭兰图等著．—北京：国防工业出版社，2023.7
（电磁频谱战科普系列丛书）
ISBN 978-7-118-13028-7

Ⅰ．①电… Ⅱ．①郭… Ⅲ．①电磁波—频谱—无线电管理 Ⅳ．① TN92

中国国家版本馆 CIP 数据核字（2023）第 112337 号

※

国防工业出版社出版发行
（北京市海淀区紫竹院南路 23 号　邮政编码 100048）
雅迪云印（天津）科技有限公司
新华书店经售

＊

开本 710×1000　1/16　印张 15¼　字数 190 千字
2023 年 7 月第 1 版第 1 次印刷　印数 1—5000 册　定价 80.00 元

（本书如有印装错误，我社负责调换）

国防书店:(010)88540777　　书店传真:(010)88540776
发行业务:(010)88540717　　发行传真:(010)88540762

编审委员会

主　　　任　王沙飞
常务副主任　杨　健　欧阳黎明
顾　　　问　包为民　吕跃广　杨小牛　樊邦奎　孙　聪
　　　　　　刘永坚　范国滨　苏东林　罗先刚
委　　　员　（以姓氏笔画排序）
　　　　　　王大鹏　朱　松　刘玉超　吴卓昆　张春磊
　　　　　　罗广成　徐　辉　郭兰图　蔡亚梅
总　策　划　王京涛　张冬晔

编辑委员会

主　　　编　杨　健
副　主　编　（以姓氏笔画排序）
　　　　　　朱　松　吴卓昆　张春磊　罗广成　郭兰图
　　　　　　蔡亚梅
委　　　员　（以姓氏笔画排序）
　　　　　　丁　凡　丁　宁　王　凡　王　瑞　王一星
　　　　　　王天义　方　旖　邢伟宁　全寿文　许鲁彦
　　　　　　牟伟清　李雨倩　严　牧　肖德政　张　琳
　　　　　　张江明　张树森　陈柱文　单中尧　秦　臻
　　　　　　黄金美　葛云露

丛书序

在现代军事科技的不断推动下，各类电子信息装备数量呈指数级攀升，分布在陆海空天网等不同域中。如何有效削弱军用电子信息装备的作战效能，已成为决定战争胜负的关键，一方面我们需要让敌方武器装备"通不了、看不见、打不准"，另一方面还要让己方武器装备"用频规范有序、行动高效顺畅、效能有效发挥"，这些行动贯穿于战争始终、决定战争胜负。在这一点上，西方军事强国与学术界都有清晰的认识。

电磁频谱是无界的，一台电子干扰机发射干扰敌人的电磁波，影响敌人的同时也会影响我们自己，在有限的战场空间中如果出现众多的电子干扰机、雷达、电台、导航等设备，不进行有效管理肯定会出乱子。因此，未来战争中，需要具备有效管理电磁域的能力，才能更加有效的发挥电磁攻击的效能，更好地满足跨域联合的体系作战要求。

在我们策划这套丛书的过程中，为丛书命名是一大难题，美军近几十年来曾使用或建议过以"电子战""电磁战""电磁频谱战""电磁频谱作战"等名称命名过这个"看不见、摸不着"的作战域。虽然在美国国防部在2020年发布的《JP 3-85：联合电磁频谱作战》明确提出用"电磁战"代替原"电子战"的定义，而我们考虑在本套丛书中只介绍"利用电磁能和定向能来控制电磁频谱或攻击敌人的军事行动。"是不全面的，也限制了本套丛书的外延。

因此，我们以美国战略与预算评估中心发布的《电波制胜：重拾美国在电磁频谱领域的主宰地位》中提出的"电磁频谱战"的概念命名，这样一方面更能体现电子战的发展趋势，另一方面也能最大程度的拓宽本套丛书的外延，在电磁频谱领域的所有作战行动都是本套丛书讨论的范围。

本系列丛书共策划了6个分册，包括《电磁频谱管理：无形世界的守护者》《网络化协同电子战：电磁频谱战体系破击的基石》《光电对抗：矛与盾的生死较量》《电子战飞机：在天空飞翔，在电磁空间战斗》《电子战无人机：翱翔蓝天的孤勇者》《太空战：战略制高点之争》。丛书具有以下几个特点：①内容全面——对当前电磁频谱作战领域涉及的前沿技术发展、实际战例、典型装备、频谱管理、网络协同等方面进行了全面介绍，并且从作战应用的角度对这些技术方法进行了再诠释，帮助读者快速掌握电子战领域核心问题概念与最新进展，形成基本认知储备。②图文并茂——每个分册以图文形式描述了现代及未来战争中已经及可能出现的各种武器装备，每个分册图书内容各有侧重点，读者可以相互印证的全面了解现代电磁频谱技术。③浅显易懂——在追求编写内容严谨、科学的前提下，抛开电磁频谱领域复杂的技术实现过程，与领域内出版的各种教材、专著不同，丛书的内容不需要太高的物理及数学功底，初中文化水平即可轻松阅读，同时各个分册都更具内容设计了一个更贴近大众视角的、更生动形象的副书名。

电磁频谱战作为我军信息化条件下威慑和实战能力的重要标志之一，虽路途遥远，行则将至，同仁须共同努力。为便于国内相关单位以及军事技术爱好者、初学者及时掌握电磁频谱战新理论和该领域最新研究成果，我们出版了此套系列图书。本书对我们了解掌握国际电磁频谱战的研究现状，深刻认识当今电磁域的属性与功能作用，重新审视电磁斗争的本质、共用和运用方式，确立正确的战场电磁观，具有正本清源的意义，也是全军开展电磁空间作战理论、技术和应用研究的重要牵引与支撑，对于构建我军电磁频谱作战理论研究体系具有重要的参考价值。

也希望本套丛书的出版能使全民都能增强电磁频谱安全防护意识，让民众深刻意识到，电磁频谱空间安全是我们各行各业都应重点关注的焦点。

2022年12月

前　言

电磁频谱是现代社会中无处不在的资源。在民用领域，广播、电视、手机、卫星等各种通信设备中都需要依赖电磁频谱来传递信息。在军用领域，围绕电磁频谱使用权的争夺已关乎战争的成败。频谱资源的有限性导致无线电业务之间频谱竞争日趋激烈。为了保证各种无线电设备的正常运行和公平竞争，电磁频谱的科学管理显得尤为重要。长久以来，由于电磁波的神秘性，导致大家对电磁频谱管理不甚了解，期望通过本书进一步提高社会公众的频谱资源认识和依法用频意识。

本书详细介绍了电磁频谱管理的基本概念、管理制度、技术手段以及国际争夺等方面，系统地阐述了频谱的划分、规划和分配等基本流程，同时也深入探讨了频谱监测、定位和检测等感知技术。本书特别强调了电磁频谱管理的重要性，以及管理中存在的一些问题和挑战，如频谱管理的法律框架和政策制定、干扰处理和国际用频协调等。

本书不仅对电磁频谱管理的基本概念和技术进行了介绍，还对未来频谱管理的发展趋势进行了展望。随着现代无线电技术的不断发展，频谱资源的需求也会不断增加，因此电磁频谱管理也需要不断创新和完善。本书提出了一些未来频谱管理的发展趋势，如软件无线电、认知无线电和动态频谱管理等新技术和新理念，为读者展示了未来频谱管理的前沿和挑战。

为增加生动性和趣味性，本书还通过实例、图表等方式展示了电磁频谱管理的实践应用。例如，本书介绍了我国卫星通信的发展历程和电磁频谱管理的实践经验，为读者展示了我国在频谱管理方面的成果和经验。此外，本书还介绍了国际频谱管理的合作与协调，以及我国参与国际频谱管理的情况。这些案例都有助于读者更好地理解和掌握电磁频谱管理的实践应用。同时，通过对国内外相关法律、法规和标准的介绍，为读者提供了电磁频谱管理实践的参考和指导。

本书由郭兰图主编，刘玉超和李雨倩负责了全书的修改和统编工作。王凡、葛云露、王瑞、牟伟清、王天义、丁宁、张江明、单中尧等同志参与了编写、审稿、绘图等大量工作。在本书的编写过程中，参阅了国内外一些经典著作，一些图片来源于网络。在此谨向作者表示深切谢意。

本书具有较高的实用性和指导性，可作为相关从业人员和学生的参考资料。读者可以通过本书深入了解电磁频谱管理的基本概念和实践应用，掌握频谱资源的管理和应用技能，更好地应对频谱管理中的各种问题和挑战。本书适合于对电磁频谱管理感兴趣的读者，包括无线电从业人员、电信工程师、学生等。同时，本书也可作为政府部门、学术界和相关行业人员的参考资料。

作者

2022 年 12 月

目录
CONTENTS

» **改变世界的电磁波 / 1**

相生相伴的电与磁 / 2

打开奇妙的电世界 / 7

隐秘磁宇宙 / 17

电磁应用极简史 / 26

» **电磁波的"大家族"**
  ——电磁频谱 / 43

电磁波家谱 / 44

电磁频谱基础特性 / 54

信息时代的无形基石 / 62

超越期待的电磁未来 / 71

» **热闹的无声世界**
  ——电磁环境 / 77

复杂电磁环境组成 / 78

电磁信号环境基础特性 / 83

电波传播环境基础特性 / 86

电磁波传播特性 / 90

电磁环境演进史 / 92

浸在电磁环境里是种什么体验？ / 96

给电磁波套上规则的紧箍咒
——电磁频谱管理 / 99

电磁频谱管理的由来 / 100

电磁频谱管理之"权力的游戏" / 109

机遇与挑战并存
——我国电磁频谱管理面临的国际形势 / 115

永远在路上
——电磁频谱管理的技术发展 / 119

天上到底能放几颗星？
——你不知道的卫星频轨资源管理 / 123

卫星频轨资源是个啥？ / 124

永无休止的"太空车位"争夺战 / 128

落后者的奋起直追 / 136

守护者的百宝箱
——典型电磁频谱管理行为 / 141

"切豆腐"的游戏 / 142

电磁界的"人口"管理 / 144

来看电磁干扰"打地鼠" / 148

不可触碰的法律红线 / 152

见你未见
——神奇的电磁频谱感知技术 / 153

无形之手、显形之眼
——**无线电监测技术** / 154

电磁"指南针"
——**无线电测向定位技术** / 159

用频装备的体检员
——**频谱参数检测** / 162

守护精彩生活 / 165

时刻保障？指尖上的生活 / 166

为 G20 峰会保驾护航 / 170

机场导航的频谱卫士 / 174

低小慢目标的黑飞管控 / 177

物联网带来的挑战 / 180

现代战争中的沉默杀手 / 183

神秘的美军电子靶场 / 184

信息化武器装备的"人生大考" / 190

第二次纳卡战争的电磁频谱争夺 / 197

俄乌战争的启示 / 202

未来遐想 / 205

赛博空间：二次元世界的终极进化 / 206
电磁频谱战：异度空间的枪声 / 212
决胜"灰色地带"：低零功率对抗 / 218

参考文献 / 224

改变世界的电磁波

相生相伴的电与磁

在现实生活中，电与磁的关系密不可分，在很多电工设备中（如电机、变压器、电磁铁、电工测量仪表，以及其他各种铁磁元件），不仅有电路的问题，同时还有磁路的问题。

电和磁有许多相似之处：带电体周围有电场，磁体周围也有磁场；同种电荷相斥，同名磁极也相斥；异种电荷相吸，异名磁极也相吸；变化的电场能激发磁场，变化的磁场也能激发电场；用摩擦的方法能使物体带电，如果用磁铁的一极在一根铁棒上沿同一方向摩擦几次，也能使铁棒磁化。物理学家法拉第和麦克斯韦为此创立了"电生磁、磁生电"的电磁场理论。

电生磁

1820年，丹麦科学家奥斯特在进行电学讲课时，偶然发现了一个有趣的现象：一条导线通电时，导线附近的指南针会转动，好像有个看不见的手指在拨动它一样。第二年，法国的物理学家安培又发现，磁铁附近的导线通电时会向一定的方向移动。进一步说明了电与磁之间有相互的作用力。由此证明了，通电的导线周围也和永磁体一样都有磁场存在，也就是说：电能生磁。

将磁针靠近通电导体时，磁针就会出现偏转现象。改变导体的电流方向，磁针的偏转方向也随之改变。根据磁体同性相斥、异性相吸的性质，证明了通电导体周围存在着磁场。若把通电导体放到磁场中，

通电导体将会受到一定的作用力而运动。通电导体在磁场中的运动方向与导体中的电流方向有关,运动方向可以用"左手定则"来判定。判定方法如图所示。

电生磁实验

所谓电生磁,就是通电的导体周围空间有磁场产生。磁场的强弱及方向与电流的大小及方向有关,改变电流的大小及方向,磁场的强弱及方向也随之改变。通电导线产生的磁场与外部磁场相互作用,可使通电导线产生位移。由此,人们便脑洞大开,发明了各种适用于工业及生活需要的电动设备。如电动机、电磁铁、录音机以及扬声器等。

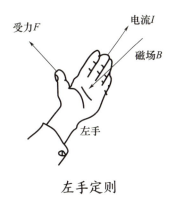

左手定则

磁生电

磁生电说的是:如果一条直的金属导线通过电流,那么在导线周围的空间将产生圆形磁场。导线中流过的电流越大,产生的磁场越强。磁场呈圆形,围绕导线周围。

磁场的方向可以根据"右手螺旋定则"(又称安培定则)来确定:将右手拇指伸出,其余四指并拢弯向掌心。这时,四指的方向为磁场方向,而拇指的方向是电流方向。实际上,这种直导线产生的磁场类似于在导线周围放置了一圈NS极首尾相接的小磁铁的效果。

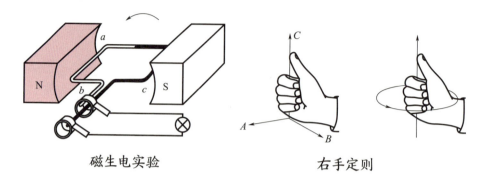

磁生电实验　　　　　　　右手定则

磁生电就是闭合电路的导体切割磁力线时，导体上就有电流产生，磁力线方向与导体切割磁力线的运动方向决定了电流的方向。

电磁互生

以通电线圈互感现象的实验为例（见图）。

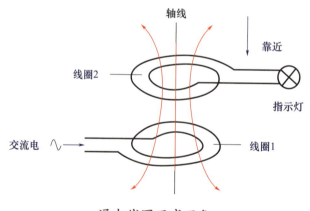

通电线圈互感现象

图中的线圈1通入交流电（产生交变磁场），线圈2与指示灯组成闭合电路。将两线圈靠近时可以发现：两线圈靠得越近，指示灯发光强度越高；两线圈距离一定时，升高线圈1的电压，指示灯的发光强度也随之升高。两线圈靠得越近，线圈1的输入电压越高，交变磁场的作用就越强，指示灯的发光强度也越高。这个现象说明了，通电线

圈可以产生磁场、磁场作用于线圈而产生了感应电动势，由此带来了电磁的互生现象。

无处不在的电与磁

但是就像再美满恩爱的夫妻也会有性格上的差异和其他方面的不协调一样，磁和电这对佳偶也并非完全对称的，这种不对称性不论从宏观还是微观上都有所反映。在宏观上，从地球、月球、行星到恒星、银河系和河外星系，不可胜数的天体以及辽阔无垠的星际空间，都具有磁场，磁场对天体的起源、结构和演化都有着举足轻重的影响；可是电场在宇宙空间几乎无声无息，对丰富多彩的天文学似乎毫无建树。而从微观上看：在磁与电的关系中，磁性是更为本质的东西，我们可以用磁来制约电，却不能用电来制约磁（用电产生磁，如电磁铁，则是另外一回事）。在电现象里，带电体可分割成单独带有正电荷和负电荷的粒子，正、负电荷可以单独存在；而磁体的两极总是成对出现，无论磁针被分割成多少部分，无论把它分割得多么小，新得到的每一段小磁铁总有两个磁极，长久以来，人们从来没有发现过单独存在的磁极，即磁单极子。

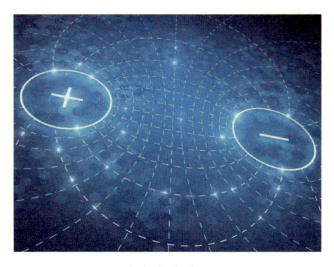

宇宙中的磁场

其实，笼统地讲，电流周围都存在磁场。无论是通电直导线、通电环形线圈，还是通电螺线管、通电螺绕环等，都能产生磁场。运动的电荷周围也会存在磁场，原因很简单，运动的电荷会产生电流，有了电流，其周围便有了磁场。所以其实我们每一个人都是一个微型磁场，因为身上有很多电荷都时刻在运动着，只不过这些电流产生的磁场相对来说很小，而且有的互相抵消了，所以我们人与人之间才不会彼此被吸引。

在生活中，磁生电、电生磁的例子有很多，如变压器，它的建立基础就是交流铁心线圈电路，其工作原理就是电生磁、磁生电的形象反应。磁和电密切相关，磁离不开电，电也离不开磁，只有更好地掌握两者之间的区别和联系，才能真正掌握电磁学的知识！

打开奇妙的电世界

"电"一词在西方是从希腊文"琥珀"一词转意而来的,在中国则是由雷闪现象中引申而来。18世纪,电的研究迅速发展起来,电神秘的面纱终被揭开,人们看到了一个奇妙的电世界。

电学作为经典物理学的一个分支,就其基本原理而言,已发展得相当完善,它可用来说明宏观领域内的各种电磁现象。20世纪,随着原子物理学、原子核物理学和粒子物理学的发展,人类对物质的认识深入到微观领域,在带电粒子与电磁场的相互作用问题上,经典电磁理论遇到困难。虽然经典理论曾给出一些有用的结果,但是许多现象都是经典理论不能说明的。经典理论的局限性在于对带电粒子的描述忽略了其波动性方面,而对于电磁波的描述又忽略了其粒子性方面。按照量子物理的观点,无论是物质粒子或电磁场都既有粒子性,又具有波动性。在微观物理研究的推动下,经典电磁理论发展为量子电磁理论。

电成为近代科学史上最伟大的发现之一。人类对电本质认识的思想历程,构成了一段段传奇式的科学探索故事。

揭开"电"神秘的面纱

1600年,英国物理学家吉伯发现,不仅琥珀和煤玉摩擦后能吸引轻小物体,而且相当多的物质经摩擦后也都具有吸引轻小物体的性质,他注意到这些物质经摩擦后并不具备磁石那种指南北的性质。为了表明与磁性的不同，他采用琥珀的希腊语名词把这种性质称为"elektron"（与英文"电"同音）。吉伯在实验过程中制作了第一只验电器，这是一根中心固定可转动的金属细棒，当与摩擦过的琥珀靠近时，金属细棒可转动指向琥珀。

大约在1660年，德国马德堡的盖利克发明了第一台摩擦起电机。他用硫黄制成形如地球仪的可转动球体，用干燥的手掌摩擦转动球体，使之获得电。盖利克的摩擦起电机经过不断改进，在静电实验研究中起着重要的作用，直到19世纪感应起电机被发明后才被取代。

第一台摩擦起电机

总体来看，18世纪以前，人们对电的研究是很肤浅也是很盲目的。18世纪以后，电的研究才蓬勃开展起来。

踏入"电"世界的大门

到了18世纪，关于电的本质问题已摆在了物理学家们的面前，许多科学家都在投入对电的实验研究。然而，有一件事让科学家们感到烦恼：实验中用到的电都是用摩擦起电机提供的，起电机一旦停下

改变世界的电磁波

来,好不容易得到的电就很快会在空气中消失。也就是说,只要你用电,就得不停地摇起电机。这时,人们就想:能否找到一种保存电的方法呢?

这样,人类的第一个储电装置——莱顿瓶——就诞生了。它是由荷兰物理学家马森布洛克在1745年发明的,因马森布洛克是莱顿人而得名。然而,发明它却是出于偶然。

马森布洛克想做一个使水带电的实验。他将一根铁棒用两根丝线悬挂在空中,用起电机与铁棒相连,再用一根铜线从铁棒引出,浸在一个盛有水的玻璃瓶中,然后开始实验。马森布洛克叫一个助手一手握住玻璃瓶,他在旁使劲摇动起电机。这时,他的助手不小心另一只手碰到铁棒,猛然感到一阵猛烈的打击,全身颤抖了一下,不禁喊叫起来。马森布洛克注意到这种情况后,与助手交换了一下位置,让助手摇起电机,他自己用右手拖住水瓶,用另一只手去碰铁棒,这时他的手臂与身体也产生了一种恐怖感,"像受到一次雷击那样"。马森布洛克由此得到结论,把带电体放在玻璃瓶内可以使电保存下来。但是他搞不清楚保持电荷作用的是瓶子还是水。不久,马森布洛克对莱顿瓶进行了改进,把玻璃瓶的内壁与外壁都用金属箔贴上,在莱顿瓶顶盖上插一根金属棒,它的上端连接一个金属球,下端通过金属链与内壁相连。实际上莱顿瓶是一个普通的电容器,既可储电也可放电。若把它的外壁接地,而金属球连接到电荷源上,则在莱顿瓶的内壁和外壁之间会积累起相当多的电荷,当莱顿瓶放电时可以通过相当大的瞬间电流。

莱顿瓶的发明立即轰动了欧洲,各地的科学家纷纷进行各种实验。有人用莱顿瓶来放电杀老鼠,有人用电点燃火药。最著名的一次是法国做的电击人表演。700多名修道士在巴黎修道院前手拉手一字排开。法国国王路易十五也被邀参观。队首的修士拿着莱顿瓶,队尾的修士拿着引线,当莱顿瓶放电时,一瞬间700多名修道士全部惊跳了起来,其滑稽的动作给人留下了深刻的印象,也令人深切地感受到了电的威力。这是一次效果极佳的电的知识科普宣传。莱顿瓶的发明，为科学界提供了一种储存电的方法，为进一步研究电学提供了依据，对电学的发展起了重要作用。

莱顿瓶的发明

雷电的秘密

长期以来，由于雷电的破坏性太大，当时技术知识落后，无法解释这一现象，人们都有一种恐惧心理。而一些有识之士曾试图从科学的角度解释雷电的起因，但都未获成功，学术界当时比较流行的说法是认为雷电是"气体爆炸"。美国人本杰明·富兰克林不相信这些说法，他一直在思考雷电与摩擦起电是否一致，如果不同又有什么区别。有一天他，将两只加大容量的莱顿瓶连起来做实验。当实验正在进行时，他的夫人丽达进来观看，一不小心碰倒了莱顿瓶，突然闪过一团电火，随着一声轰响，丽达被电击倒在地，不省人事，经抢救才脱险。这件事唤起了富兰克林的思考，尤其是那伴随轰鸣声的电火，也是电光闪闪、轰轰隆隆。于是他写了《论天空闪电与地下电花相同》一文，送至英国皇家学会，建议搜集雷电进行研究。当皇家学会

一些会员听说论文作者刚刚才开始研究电学,就拒绝过目。其中有会员说:"这位先生竟想把上帝和雷电分家,真是痴人说梦。"根本没有采纳他的建议。

于是,富兰克林决心自己用实验来证明。1752年7月,他和他儿子在费城做了那个震动世界的电风筝实验。实验中富兰克林用绸子做了一个大风筝,风筝顶上安上一根尖细的铁丝,用它来捉"天电",并用绳子与这铁丝连起来,麻绳的末端拴一根铜钥匙,钥匙塞在莱顿瓶中间。他和他的儿子一起将风筝放到天空中,这时一阵雷打下来,富兰克林顿时感到一阵麻木,于是他赶紧把丝绸把绳子包起来,继续捉"天电"。当他用另一只手去靠近钥匙时,蓝白色的火花向他手上击来,"天电"终于捉下来了。富兰克林用这种方法使莱顿瓶充电,发现这种"天电"同样可以点燃酒精灯,也可以用作充电机产生的电来做许多电的实验,从而证明"天电"和"地电"是一回事。

富兰克林风筝实验

实验的成功立即轰动了科学界。英国皇家学会授予他金质奖章，他的著作被译成各国文字发表。可是不久，从彼得堡传来了俄国科学院院士黎赫曼被雷电击死的噩耗。黎赫曼和他的学生为了验证富兰克林风筝实验的结果，在房顶竖起了一根长约两米的铁棍，金属导线通入房内同一根金属棒相连。一次，当黎赫曼走近金属棒时，被一个拳头大的淡蓝色的火球击中了前额。黎赫曼的牺牲使富兰克林认识到他们父子在实验中没有出事完全是侥幸。为了避免雷电对人的损伤，他研制了避雷针。富兰克林还研究了带电体之间的相互吸引和排斥、不规则带电导体中的电荷分布、感应起电现象等。在实际工作过程中，富兰克林创造了许多电学方面的专用名词，例如，正电、负电、导电体、电池（当时指莱顿瓶组，尚未发明今日的电池）、充电、放电等，所有这些名词至今仍在现代电学中沿用。

定性到定量的转折——库仑定律

从吉伯到富兰克林，人们对电的研究基本都是定性的，也就是说，得出的结果都是描述性的，而不是以数学形式给出结论。首先在电学研究上得出定量关系的是库仑，他发现了著名的库仑定律。

1785年，库仑用自己设计制造的灵敏扭秤证实了同号电荷之间的斥力与它们之间的距离具有平方反比关系。又类比地球重力场中的重力单摆设计了"电引力单摆"，通过实验证实了异号电荷之间的引力也遵从同样的规律。他还认识到两电荷之间相互作用力与电荷量之积成正比，由于当时对电量还没有一个科学的量度，他便采用相对比较的方法给予了实验证明。后来，高斯根据库仑得出的规律定义了电荷的量度。现在，这一规律被普遍地表述为："两静止点电荷之间作用力的大小正比于它们的电量乘积，反比于它们之间距离的平方，力的方向沿它们的连线方向，电荷同号时为斥力，异号时为引力。"这就是库仑定律。

库仑的实验得到了世界的公认。库仑定律是电学的第一个定量定律，它的发表标志着电学从定性观察到定量分析的转折，从此电学的研究开始进入科学行列。

库仑扭秤实验

电池的出现——伏打电堆

从吉伯到富兰克林、库仑，电学的研究已经取得了很大的进展。但这些研究成果都是静电领域的。实验时所使用的电源是储摩擦电的莱顿瓶，实际上就是电容器。实验过程中莱顿瓶放电的时间是很短的，根本无法得到稳定的、长时间的电供应，这大大制约了各种电学实验的开展。人们迫切需要一种能持续提供电的方法。这样，伏打电池便应运而生，电流也被发现了。

从1792年起，伏打花了3年时间，用各种不同金属配对，做了许多实验，在实验中他把金属排成一列：锌、锡、铅、铜、银、金。他发现这个序列，将前面的金属和后一个金属连接起来，前者带正电，后者带负电。这就是"伏打序列"。伏打就这样发现了"接触电位差"，这是伏打引进的新概念。

伏打实验

1799年，伏打终于制成了能产生持续电流的电源。伏打高兴地称它是"人造发电器"。这就是最早的电池，史称"伏打电堆"，也叫"伏打电池"。电堆是由数十个银与锌的圆板相互叠加而成，在这些圆板之间放上一张浸液片，这样就成了一个电堆，它能产生相当多的电荷。伏打不仅用这个电堆产生了同莱顿瓶一样的电，而且还具有明显的反复产生的性能。把电堆两端用金属导线连接起来就可以获得持续的电流，如果用手指接触上下两端，就感到强烈的电击。这种作用与莱顿瓶相似，但不像莱顿瓶一样放光电，伏打把"伏打电堆"叫作电池组。

伏打电堆

虽然伏打发明的第一个原电池只能产生 0.1 伏特的电势，但是，它是科学史上最伟大的发明之一，对后来科学技术的发展起到了不可估量的促进作用。即便是在当时，它也一下子为科学研究开辟了一个崭新的局面。

电学突飞猛进的发展

伏打电池发明之后，各国利用这种电池进行了各种各样的实验和研究。德国科学家进行了电解水的研究，英国化学家戴维把 2000 个伏打电池连在一起，进行了电弧放电实验。戴维的实验是在正负电极上安装木炭，通过调整电极间距离使之产生放电而发出强光，这就是电用于照明的开始。

电磁频谱管理： 无形世界的守护者

　　1820年，丹麦哥本哈根大学教授奥斯特在一篇论文中公布了他的一个发现：在与伏打电池连接了的导线旁边放一个磁针，磁针马上就发生偏转。其后，法国的安培发现了安培定律。

　　1831年，俄罗斯的西林格读了这篇论文，他把线圈和磁针组合在一起，发明了电报机，这可说是电报的开始。其后，法拉第发现了划时代的电磁感应现象，电磁学得到了飞速发展。

　　另一方面，关于电路的研究也在发展。1826年，欧姆发现了关于电阻的欧姆定律，1849年，基尔霍夫发现了关于电路网络的定律，从而确立了电工学。至此，电的发现和应用极大地节省了人类的体力劳动和脑力劳动，使人类的力量长上了翅膀，使人类的信息触角不断延伸。电对人类生活的影响有两方面：能量的获取转化和传输与电子信息技术的基础。随着人类对于电的使用逐渐深入，1870年以后，由此产生的各种新技术、新发明层出不穷，并被应用于各种工业生产领域，促进经济的进一步发展，第二次工业革命蓬勃兴起，人类进入了电气时代。

第二次工业革命

隐秘磁宇宙丨

磁学的起源

西方磁学最早起源于古希腊时期。古希腊七贤中有一位名叫泰勒斯的哲学家,早在公元前 585 年,泰勒斯看到当时的希腊人通过摩擦琥珀吸引羽毛,用磁钱矿石吸引铁片的现象,曾对其原因进行过一番思考。据说他的解释是:"万物皆有灵。磁吸铁,故磁有灵。"这里所说的"磁"就是磁铁矿石。后来又有人发现摩擦过的煤玉也具有这样的能力。

摩擦琥珀吸引羽毛

古希腊哲学家苏格拉底说:"这石不仅吸引铁环,而且还使铁环具有类似的吸引其他铁环的能力;有时你可以看到一些铁片和铁环彼此

17

钩挂以至于形成一个十分长的链，而它们的悬吊力全部来自原磁石。"古希腊的磁铁矿石据说是在小亚细亚一个靠近马格尼西亚的地方被发现的，由此产生了"magnet"（磁铁）一词。小亚细亚又名安纳托利亚，或西亚美尼亚，是亚洲西南部的一个半岛，位于黑海和地中海之间，现在属于土耳其。在此后的一千多年里，西方对磁学的认识一直停留于此，主要是由于强大的罗马帝国吞并古希腊的社会原因，以及基督教和古代宗教之间的大搏斗，使希腊人创造性的科学研究走到了末日，而后来的罗马人除了将天才用于战争、征服、统治和法律外，只在军事工程和城市建设等技术问题上有些发明创造，而对于纯数学和科学的研究则没做什么努力。

在东方，据《吕氏春秋》一书记载，中国在战国时期已利用磁石制成指南针，通过指南针的磁针来辨别方向了。西汉末年已有关于玳瑁能吸细小物体的记载，晋朝（公元3世纪）进一步还有记载，"令人梳头，解著衣时，有随梳解结有光者，亦有诧声"。直到12世纪，欧洲才用磁针指南。

磁学的学前史

最早对磁现象进行系统观察的西方人是13世纪的数学家、磁学家、医生和炼金术师派勒格令尼，他在1269年8月8日给他朋友的《论磁体的信》中，描绘了磁石的大概轮廓和性质：磁石的颜色类似于铁被擦亮并在空气中放置一段时间后所变成的颜色；磁石均匀程度越高，磁性就越强；磁石的重量和密度；磁石吸引铁的能力。此外，派勒格令尼还在磁学方面做出以下贡献：

第一，提出磁极的概念，他用"Polus"表示"极"，并认为任何磁石球都有两个磁极，南极和北极。他告诉人们用磁针来寻找磁石球的磁极，并提出子午线的概念，用磁针找出磁石球的子午线，这些子午线汇聚于球面上的两点，就是磁石球的南极和北极。

第二，派勒格令尼是最早提出磁偏角概念的西方人，指出磁针一

般不是指向正（南）北方向，而是略向东（西）偏移，但未引起人们的注意，以至于许多人认为磁偏角是1492年由哥伦布在航海中发现的。

第三，派勒格令尼提出关于磁体的磁极"同性相斥，异性相吸"的原理，比迪菲在1733年发现电的"同性相斥，异性相吸"的原理早400多年。

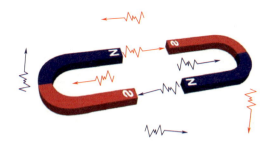

磁体磁极的"同性相斥、异性相吸"

1544年，哈特曼发现了磁倾角，磁倾角即为磁针和水平方向形成的夹角。1576年，诺曼（R.Norman）再次发现了磁倾角，并测出伦敦的磁倾角为71°51′。

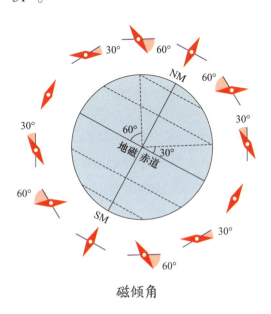

磁倾角

近代磁学的诞生

西方对于近代电磁学的研究,可以认为开始于英国的威廉·吉尔伯特。1600年,吉尔伯特用拉丁文发表了《论磁》一书,系统地讨论了地球的磁性,认为地球是一个大磁石,还提出可以用磁倾角来判断地球上各处的维度。《论磁》的出版,标志着近代磁学的诞生。

威廉·吉尔伯特与《论磁》

自从哥白尼于1543年发表《天体运动论》以后,托勒密的"地心说"开始动摇,布鲁诺由于宣传哥白尼的学说而被罗马教皇烧死,开普勒无所畏惧地继续探索,于1619年提出行星运动三定律,从此行星围绕太阳旋转的概念被牢固地建立起来。天文学的成就给磁学的发展提供了巨大的动力,法国自然哲学家笛卡儿在1644年发表的《哲学原理》第一次把天体运动的概念带进了磁学,提出磁流体涡旋运动的假说,从而最早暗示磁是物质运动的一种闭合的涡旋运动形式。

从 1746 年开始，富兰克林开辟了磁学研究的广阔前景，在他之后，更多的科学家进入了磁学研究，广泛的实验研究已为静电学和静磁学理论的创立准备了充分的条件。卡文迪许等人最先想到如何将丰富的经验总结成为理性的知识，库仑建立起静磁作用和静电作用两个形式相同的数学定律，使磁学从此进入理论发展的阶段，成为一门定量的科学。19 世纪初，泊松等人又以分析数学为工具，建立起电和磁的势理论。从科学思想方面来讲，这个时期的一个重要特点是科学家们普遍将牛顿的引力定律和超距作用的哲学观点用于电学和磁学研究，所以人们也将这一时期称为"牛顿式电学和磁学的历史"。例如，米谢尔、普利斯特利、开文迪许和库仑都借用了牛顿的引力公式，先后经过假设和实验两个阶段，肯定了电力和磁力随距离平方下降的规律。

进入 19 世纪，库仑将牛顿引力的模式引进静电学和静磁学，用距离平方反比定律统一了静电力、静磁力和万有引力，将超距论引进法国，使法国物理学产生了深刻变革。进入 19 世纪，法国物理学家们在超距论的基础上，创立了静电学和静磁学的数学理论。具体包括：

（1）19 世纪初，法国科学家把可以观察并能借助于模型和数学方法来分析的现象列入了物理学的范畴，静电学和静磁学被列入了物理学中。

（2）法国科学家泊松在英国科学家亨利·卡文迪许、法国科学家查利·奥古斯丁·库仑、约瑟夫·拉格朗日、皮埃尔·西蒙·拉普拉斯等人的基础上，建立了泊松方程，创立了静电势理论和静磁学数学理论。

（3）1828 年，英国科学家格林把电势理论向前推进了一步，建立了格林定理，并证明了导体中的电荷分布处于平衡状态，其内部电场处处为零，导体上电势处处相等。同年，格林测量了地磁场强度，并研究了地磁起源，发现了磁北极。

（4）1851 年，汤姆逊发表了《磁学的数学理论》的论文，给出了磁场的定义，推导了介质中磁场的特性，将磁场强度与具有通量性质的区别开来。此外，汤姆逊还创造了许多术语，如"磁化率"和"磁导率"。他把磁化率定义为磁感应强度与磁场强度之比。

（5）1847年，亥姆霍兹在《论力的守恒》一书中用数学公式总结了能量守恒定律，并将这个定律演绎到力学、静电学和静磁场领域。1853年，汤姆逊在亥姆霍茨工作的基础上，将静磁场的能量表示为磁场强度的函数，并进一步推出载流线圈的能量公式。

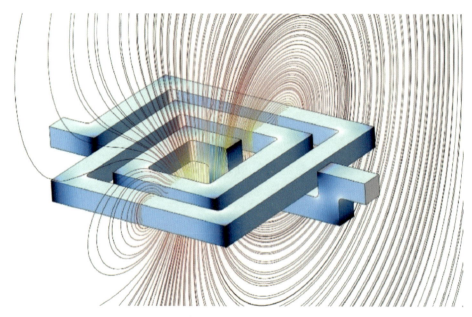

静磁场示意图

近代经典磁学大发展

从19世纪末到20世纪初期，是近代经典磁学大发展的时期。在这一时期，抗磁性、顺磁性和铁磁性的实验研究和理论研究均取得了许多重大甚至突破性的进展。

1895年，法国物理学家居里发表了他对三类物质的磁性的大量实验结果，他认为：抗磁体的磁化率不依赖于磁场强度且一般不依赖于温度，顺磁体的磁化率不依赖于磁场强度而与绝对温度成反比（居里定律），铁在某一温度（居里温度）以上失去其强磁性。

经过 19 世纪的蓬勃发展，磁学研究跨入了 20 世纪的门槛。法国物理学家保罗·朗之万于 1905 年提出了抗磁性和顺磁性的经典理论，但十多年后证明，朗之万理论中的某些假设不符合经典统计力学原理。直到原子结构的量子论模型兴起后，朗之万的假设又成为可允许的。

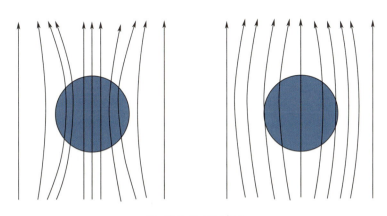

抗磁性和顺磁性

1907 年，法国物理学家外斯提出分子场理论，扩展了郎之万的理论。1921 年，奥地利物理学家泡利提出玻尔磁子作为原子磁矩的基本单位。美国物理学家康普顿提出电子也具有自旋相应的磁矩。1928 年，英国物理学家狄拉克用相对论量子力学完美地解释了电子的内禀自旋和磁矩，并与德国物理学家海森伯一起证明了静电起源的交换力的存在，奠定了现代磁学的基础。

1927 年海森堡首次提出并证明了量子力学的"测不准原理"。紧接着玻尔发展了"互补性原理"。至此量子力学的基本概念得到了完备自洽的物理解释。海森伯于 1927 年提出"不确定性"，阐明了量子力学诠释的理论局限性，对某些成对的物理变量，如位置和动量、能量和时间等，永远是互相影响的；虽然都可以测量，但不可能同时得出精确值。"不确定性"适用于一切宏观和微观现象，但它的有效性通常只明显地表现在微观领域。1929 年,他同泡利一道曾为量子场论的建立打下基础,首先提出基本粒子中同位旋的概念。海森堡晚年致力于建立一个描述基本粒子及其相互作用的统一量子场论。他的研究工作最初得到了泡利的支持,但是后来泡利开始怀疑海森堡的物理想法并最终退出了合作。海森堡的有关研究结果虽然在 1959 年后陆续发表,却没有被物理学界广泛接受。尽管如此,海森堡的所谓非线性旋量场理论包含了许多具有创新意义的物理思想,启发后人最终成功地建立了电磁和弱相互作用的统一量子理论。

伊辛在 1925 年解出的精确解表明一维伊辛模型中没有相变发生。在铁和镍这类金属中,当温度低于居里温度(铁磁性)时,原子的自旋自发地倾向某个方向,而产生宏观磁矩。温度高于居里温度时,自旋的取向非常紊乱,因而不产生净磁矩。当温度从大于或小于两边趋于居里温度时,金属的比热容趋于无限大。这是物质在铁磁性状态和非铁磁性状态之间的相变,它并不包含在厄任费斯脱所分类的相变中。伊辛模型就是模拟铁磁性物质的结构,解释这类相变现象的一种粗略的模型。它的优点在于,用统计物理方法,对二维情形求得了数学上严格的解。这就使得铁磁性物质相变的大致特征,获得了理论上的描述。

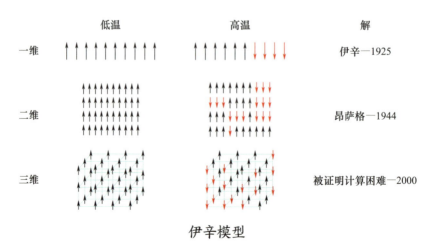

伊辛模型

1936 年，苏联物理学家郎道完成了巨著"理论物理学教程"，其中包含全面而精彩地论述现代电磁学和铁磁学的篇章。

20 世纪 30 年代初，法国物理学家奈尔从理论上预言了反铁磁性，并在若干化合物的宏观磁性方面获得了实验证据。1948 年他又对若干铁和其他金属的混合氧化物的磁性与铁磁性的区别做了详细的阐释，并称这类磁性为亚铁磁性。于是就有了五大类磁性（顺磁性、抗磁性、铁磁性、亚铁磁性、反铁磁性）。最近十多年来又有些学者提出了几种磁性的新名称，但这些都属于铁磁性的分支。

1967 年，旅美奥地利物理学家斯奈特在量子磁学的指导下发现了磁能积很高的稀土磁体（$SmCo_5$），从而揭开了永磁材料发展的新篇章。1974 年，第二代稀土永磁 Sm_2Co_{17} 问世。1983 年，日本佐川真人等首先用粉末冶金的方法研制出高性能的 Nd-Fe-B 系永磁体，宣告了第三代永磁材料的诞生。1990 年，原子间隙磁体 Sm-Fe-N 问世。1991 年，德国物理学家克内勒提出了双相复合磁体交换作用的理论基础，指出了纳米晶磁体的发展前景。

永磁材料

电磁应用极简史

电磁学发展编年史

在 19 世纪以前，电学和磁学的先驱及其后来人，一直把电和磁作为独立的互不相关的现象进行研究，那么电和磁之间是否存在什么关系呢？早期的电磁学主要是针对电进行研究，直到丹麦物理学家奥斯特最先发现了电和磁之间的联系。

从 1807 年起，奥斯特就致力于电的各种效应的研究，他隐约地认识到电和磁之间存在某种联系，但找不出什么证据。经过十多年的探索，进展不大。1820 年 7 月 21 日，奥斯特教授在给学生讲课时，意外地发现了电流的小磁针偏转的现象，他意识到这是一项重大发现，下课后，立即进行了各种分析实验。

奥斯特用导线接通了伏打电池，当磁针垂直地放在导线的位置时，磁针并无变化；当磁针平行地放在导线的位置时，磁针立即偏转，直到与导线垂直为止。他再把磁针放在一定的位置上，当伏打电池接通时，磁针发生了偏转，当关闭电源时，磁针就恢复到原来的状态。奥斯特认为磁针的偏转是由电荷的流动引起的，磁针的偏转方向和电荷的流动方向密切相关。由于导体中的电流会在导体周围产生一个环形磁场，因此，磁针在这个磁场范围内，无论是改变电流的方向，还是改变磁针与导线的位置，都会引起磁针的偏转。这个过程就是电流磁效应的最初发现。奥斯特在法国的科学杂志《化学与物理学年鉴》上发表了题为《磁针电抗作用实验》的论文，他在论文中介绍了自己的研究成果。从此，电磁学的研究在欧洲主要国家蓬勃地开展起来。

奥斯特实验

奥斯特的论文在法国发表后，引起了一个法国人的极大兴趣，他就是安培。安培1775年1月22日生于里昂，幼年时表现出数学上的天资，是个神童。当安培得知奥斯特发现电和磁之间的关系时，便放弃了已奠定一定基础的数学研究，转向物理学领域，且有一系列的发现。安培在重做奥斯特的电流使磁针偏转的实验基础上，提出用来判定电流磁场方向的右手螺旋定则。在实验中，安培还发现不仅通电导线对磁针有作用，而且两根通电导线之间也有作用。两根平行通电导线之间，同向电流相互吸引，反向电流相互排斥。安培初步揭示了电和磁的内在联系，他的观点和现代观点非常接近。后人为了纪念他，把电流强度的单位命名为"安培"，简称"安"。

奥斯特、安培等人研究电学的同时，德国中学教师欧姆也对电学表现出了极大的兴趣。欧姆1787年3月16日生于德国埃尔兰根城，父亲是锁匠。父亲自学了数学和物理方面的知识，并教给少年时期的欧姆，唤起了欧姆对科学的兴趣。16岁时他进入埃尔兰根大学研究数学、物理与哲学,由于经济困难,中途辍学,到1813年才完成博士学业。

安培与他的右手螺旋定则

欧姆把奥斯特关于电流磁效应的发现和库仑扭秤结合起来,巧妙地设计了一个电流扭秤,用一根扭丝悬挂一根磁针,让通电导线和磁针都沿子午线方向平行放置。再用铋和铜来制作温差电池,一端浸在沸水中,另一端浸在碎冰中,并用两个水银槽作电极,与铜线相连。当导线中通过电流时,磁针的偏转角与导线中的电流成正比。实验中他用粗细相同、长度不同的八根铜导线进行了测量,得出了欧姆定律。这个结果发表于1826年,次年他又出版了《关于电路的数学研究》,给出了欧姆定律的理论推导。

欧姆定律发现初期,许多物理学家不能正确理解和评价这一发现,导致欧姆的研究成果被忽视,使得他经济极其困难、精神抑郁。直到1841年英国皇家学会授予他最高荣誉的科普利金牌,才引起德国科学界的重视。为了纪念欧姆,后人将电阻的单位命名为"欧姆",简称为"欧"。

在研究电磁学的人中,法拉第是一位屡建奇功的英雄。1831年法拉第成功地做出了磁生电的实验。他在一个圆磁铁环的两边,各绕上绝缘的互不相连的线圈，把一组线圈的两端与电流计相连，当他把另一组线圈与伏打电池接通时，发现电流计的指针立即发生了偏转；而当电源接好后，指针又回到原来的位置；当切断电源时，指针又偏转了，并又回到了初始位置。经过反复的实验和思考，法拉第认为：当接通电源时，由电流产生的磁力线影响了另一组线圈，使它带上电流，因此电流计的指针发生了偏转，而切断电源时，指针又动，说明电流的产生与磁力线的运动有关。

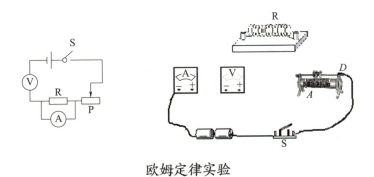

欧姆定律实验

这样，法拉第发现了电磁感应现象，充分揭示了磁和电的内在联系，这意味着电不仅能转化为磁，而且磁也能转化为电。

法拉第杰出的实验成就奠定了电磁学的基础，开创了电磁学研究的新时代。

法拉第与电磁感应现象

运用数学方法进一步总结当时的实验电磁学成就，建立经典电磁学理论大厦的，是英国科学家麦克斯韦，电磁学理论创立人。

詹姆斯·克拉克·麦克斯韦1831年出生于英国苏格兰名门望族——佩尼奎克的克拉克家族。他出生的那一年，法拉第刚刚发现了电磁感应。法拉第精于实验研究，而麦克斯韦擅长于理论分析概括，他们相辅相成，取得了科学上的重大突破。1873年，麦克斯韦完成了电磁理论的经典著作《电磁通论》，建立了著名的麦克斯韦方程组，把电荷、电流、磁场和电场的变化用数学公式全部统一了起来。从该方程组可以知道，变化的磁场能够产生电场，变化的电场能产生磁场，它们将以波动的形式在空间传播，基于此麦克斯韦预言了电磁波的存在，并且推导出电磁波传播速度就是光速。从19世纪50年代到60年代，麦克斯韦用了十年左右的时间，完成了三次里程碑式的跨越：从理论上总结了人类对电磁现象的认识，建立了完整的电磁场理论体系，揭开了"电磁迷雾"。他不仅科学地预言了电磁波的存在，而且揭示了光、电、磁现象的内在联系及统一性，成为19世纪物理学发展史上最辉煌的研究成果之一。他建立的电磁理论，成为经典物理学的支柱之一，是科学史上一个划时代的理论创新。遗憾的是，在麦克斯韦生活的那个年代，很多人并不知道有电磁波存在，加上他的电磁学说非常超前、艰深难懂，他的预言和理论在很长时间内都不被人所理解。直到他去世9年后的1888年，德国科学家赫兹才终于用实验证实了电磁波的存在。

赫兹在1886年发明了一种电波环。他把一根粗铜线弯成圆环状，环的两端分别连着金属小球。这是一个十分简单但却非常有效的电磁波检测器。在两块正方形锌板的边缘中心，各接一根钢棒，然后使两根铜棒相隔一定距离并彼此绝缘而组成一个振荡器。在暗室中将电波环放置在距振荡器10米处。实验时，将感应圈的高压电引至振荡器的两根铜棒上，结果他发现检波器金属圈的两金属球间确有小火花产生，这正是振荡器辐射的电磁波！

麦克斯韦方程组

紧接着,赫兹进一步用实验证实了电磁波可以反射、折射、产生驻波,并测定了电磁波的传播速度。赫兹在一间大而暗的教室墙上,安置了一块金属板。根据波动理论,如果电磁波能被反射,则反射波和入射波叠加应产生驻波。赫兹在金属板的对面放置有感应圈的振荡器,证实了振荡器发射的电磁波和金属板反射的电磁波叠加形成驻波。赫兹还测定了电磁波的波长,计算出了电磁波的传播速度,这个速度和光速的实验测定值非常接近,再次肯定了电磁波是以光速传播的。他还用一块有孔的屏阻挡电波,使电磁波产生衍射;将电磁波通过一块大的沥青棱镜,证明电磁波像光波一样的折射等。这些实验证明了电磁波是存在的,而且电磁波和光是统一的,有力地支持了麦克斯韦的电磁理论。

赫兹的实验轰动了全世界的科学界。由法拉第开创、麦克斯韦总结的电磁理论,至此才取得了决定性的胜利!有趣的是,赫兹发现电磁波时和麦克斯韦预见电磁波时的年龄一样大,都是31岁。

伴随着法拉第、麦克斯韦、赫兹等伟大的物理学家们前赴后继地努力,人类对电磁学的认识和学习也到达了一个新的阶段,电磁波的发现对人类产生了巨大的影响,更为无线电、电视、雷达的发展找到了道路。在电磁理论逐渐完善的同时,技术发明也一个接一个地实现,从此,人类真正进入了科技时代。

赫兹实验——令人振奋的电火花

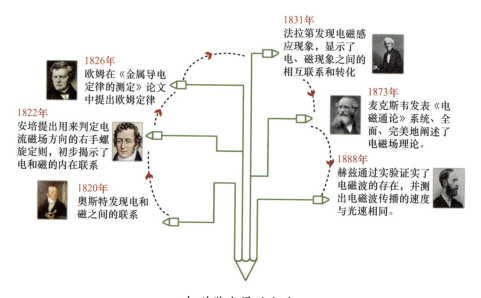

1831年
法拉第发现电磁感应现象，显示了电、磁现象之间的相互联系和转化

1826年
欧姆在《金属导电定律的测定》论文中提出欧姆定律

1873年
麦克斯韦发表《电磁通论》系统、全面、完美地阐述了电磁场理论。

1822年
安培提出用来判定电流磁场方向的右手螺旋定则，初步揭示了电和磁的内在联系

1888年
赫兹通过实验证实了电磁波的存在，并测出电磁波传播的速度与光速相同。

1820年
奥斯特发现电和磁之间的联系

电磁学发展编年史

改变世界的电磁波

电磁应用发展对世界的改变

现代大量应用的电力设备和发电机、变压器等都与电磁感应作用有紧密联系。随着电子信息产业的迅猛发展，国内外对电磁场与无线技术专业人才的需求必将呈持续快速增长。随时间变化着的电磁场，即时变电磁场，与静态的电场和磁场有显著的差别，存在一些由于时变而产生的效应。这些效应都有重要的应用，并推动了科学技术的发展。

基于电磁学理论的研究和发展，能够建立起来一些应用技术的发展历程，在无线电报、电话、广播、电视、雷达、移动通信和移动互联网、卫星通信、光纤通信、卫星导航和遥感领域都有着十分重要的应用。

1876年，美国在费城举办纪念独立一百年博览会，亚历山大·贝尔把他刚刚发明出来的电话机带到了博览会。1878年，贝尔在波士顿与纽约之间架设了世界上第一条320千米长的长途电话线。1896年，波波夫成功运用无线电传送莫尔斯电码，首次发送的电报内容是"海因里希·赫兹"，这是世界上首次有明确内容的无线电报。

20世纪初期，无线电技术广泛运用于通信和广播以后，人们希望有一种能够传播现场实况的电视机，世界上很多科学家都在开展研究。1925年，英国科学家约翰·贝德经过长期努力制成了人类历史上的第一台电视机。

卫星通信实际上就是地球上的无线电通信站之间利用人造卫星作中继站来转发无线电波而进行的通信。卫星通信的概念最早是在1945年10月由英国空军雷达专家克拉克提出的，他关于在静止轨道上放置三颗卫星来实现全球通信的设想形成著名的"卫星覆盖通信说"。1963年，美国发射了第一颗同步通信卫星，试验了横跨大西洋的电视和电话传输，并成功地转播了1964年东京奥运会的实况，实现了美、欧、非三大洲的通信和电视转播。

移动无线网络通信技术的发展经历了从"大哥大"到高可靠体验5G通信的飞速变革。1986年，第一套移动通信系统在美国芝加哥诞生，

采用模拟信号传输，模拟式为无线传输采用的 FM 调制，将介于 300 赫到 3400 赫的语音转换到高频的载波频率（兆赫）上。到了 1995 年，新的通信技术成熟，国内在中国电信的引导下，正式挥别 1G，进入了 2G 的通信时代。第二代移动通信是数字通信，具备高度的保密性，系统的容量也在增加，给接下来的 3G 和 4G 奠定了基础，比如，分组域的引入和对空中接口的兼容性改造，使得手机不再只有话音、短信这样单一的业务，还可以更有效率地连入互联网。但是它的缺点是传输速率低、网络不稳定、维护成本高等。

随着人们对移动网络的需求不断加大，2003 年，出现第三代移动通信网络，它必须在新的频谱上制定出新的标准，享用更高的数据传输速率。主流的制式是 WCDMA、CDMA2000、EVDO、TD-SCDMA 这四种，后来 IEEE 组织的 Wi MAX 也获准加入 IMT-2000 家族，也成了 3G 标准。它的 CDMA 系统以其频率规划简单、系统容量大、频率复用系数高、抗多径能力强、通信质量好、软容量、软切换等特点显示出巨大的发展潜力。3G 相对于 2G 来说主要是采用了 CDMA 技术，扩展了频谱，增加了频谱利用率，提升了速率，更加利于 Internet 业务，速率也进一步提升，部分功能也从 RNC 之类的上级机器下移到基站中来完成，提高了响应速度，降低了时延。同时 3GPP 组织在演进 3G 技术的同时也不断为未来做准备，包括核心网电路域的软交换、分组域和传输网的 IP 化等。在 3G 之下，有了高频宽和稳定的传输，影像电话和大量数据的传送更为普遍，移动通信有更多样化的应用，因此 3G 被视为是开启移动通信新纪元的关键。

4G 通信网络时代被称为"视频时代"，4G 网络在 2014 年附近被广泛推广使用，作为第四代无线蜂窝电话通信协议，具备速度更快、通信灵活、智能性高、高质量通信、费用便宜的特点。4G 的标准的制定主要是两个组织：一个是 3GPP 组织，代表了绝大多数传统的运营商、通信设备制造商等等，LTE/LTE—Advanced 出自其手；另一个是 IEEE 组织，主要是 IT 界对通信界的一次挑战，推出了 Wimax 的后续，也就是 WirelessMAN-Advanced，是集 3G 与 WLAN 于一体并能够传输高质量视频图像以及图像传输质量与高清晰度电视不相上下的技术产品。4G 系统能够以 100 兆比特/秒的速度下载，比拨号上网快 2000 倍，上传的速度也能达到 20 兆比特/秒，并能够满足几乎所有用户对于无线服务的要求，可以媲美 20 兆比特/秒宽带，能观看高清电影，下载速度快，所以流量也会消耗很快，但是它的覆盖范围有限，数据传输有延迟。

5G，即第五代移动通信技术，目前还处在探索阶段。国际电联将 5G 应用场景划分为移动互联网和物联网两大类。凭借低时延、高可靠、低功耗的特点，5G 的应用领域非常广泛，不仅能提供超高清视频、浸入式游戏等交互方式再升级；还将支持海量的机器通信，服务智慧城市、智慧家居；也将在车联网、移动医疗、工业互联网等垂直行业"一展身手"。简单来说，5G 更快、更安全、信号更强、覆盖面积更广、应用领域更广泛。

电磁应用发展史

5G 技术的开发，将电磁波频率提升到了前所未有的高度，5G 的一个新的概念是毫米波，它开启了极高频的智能时代。原来人们下载蓝光的电影可能要几个小时，而在 5G 的技术下，只需要几秒钟就可以完成。同4G中提到的良性循环，频率升到前所未有的高度后，天线也变得更加的短，对于手机来说简直是喜上添喜。

5G的重要技术就是加强版的大规模天线技术（MassiveMIMO），毫米波除了有诸多的好处外，还有一些重要的缺点，那就是频率高以后，传播的能力会变差，绕射和穿墙的能力也会被减弱，这就意味着5G基站的覆盖会是一个比较大的问题，必须投入很大的资源、人力、财力和技术来部署5G网络。

电波传播小讲堂

与电波传播有关的很多重要概念知识，包括电磁波、直射波、反射波、绕射波、散射波、趋肤效应、阴影效应、菲涅耳区、慢衰落和快衰落等。下面对这些重要概念进行简单阐述。

1）电磁波

电磁波是能量的一种，凡是高于绝对零度的物体，都会释出电磁波。电与磁可说是一体两面，电流会产生磁场，变动的磁场则会产生电流。变化的电场和变化的磁场构成了一个不可分离的统一的场。

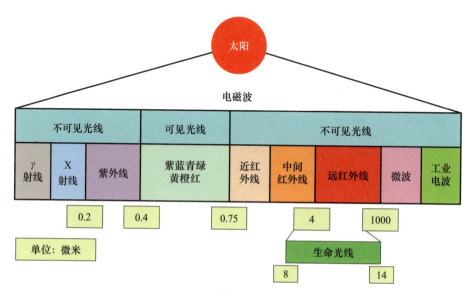

电磁波大家族

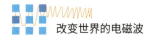
改变世界的电磁波

在低频的电振荡中，磁电之间的相互变化比较缓慢，其能量几乎全部返回原电路而没有能量辐射出去。在高频率的电振荡中，磁电互变甚快，能量不可能全部返回原振荡电路，于是电能、磁能随着电场与磁场的周期变化以电磁波的形式向空间传播出去，不需要介质也能向外传递能量，这就是一种辐射。

2）直射波

类比：在桌球这项运动中，很多规律很像电磁波的规律。假若直接撞击球中心打出去的时候假使没有任何阻挡，球将沿直线运行，好比直射波。

由发射天线沿直线到达接收点的无线电波，被称为直射波。自由空间电波传播是电波在真空中的传播，是一种理想传播条件。电波在自由空间传播时，可以认为是直射波传播，其能量既不会被障碍物吸收，也不会产生反射或散射。

3）反射波

类比：我们还以桌球运动为例，如果打出的球碰到的桌边，它就按照反射角等于入射角的规律运行，好比反射波。

应用：在高速铁路无线覆盖选站的时候，要关注无线电波的入射角问题。备选站址不能太远，否则入射角太大，进入车厢内的折射能力就减少，一般会选取离铁路100米左右的站址。

无线信号是通过地面或其他障碍物反射到达接收点的，称为反射波。反射发生于地球表面、建筑物和墙壁表面。反射波是在两种密度不同的传播媒介的分界面中才会发生，分界面媒质密度差越大，波的反射量越大，折射量越小。波的入射角越小，反射量越小，折射量越大。

4）绕射波

类比：再以桌球运动为例，假如在击球之后，母球和另一个球相切，根据力度和方向，它可以绕过视距内球，就很像绕射。

当接收机和发射机之间的无线路径被尖利的边缘阻挡时，无线电波绕过障碍物而传播的现象称为绕射。绕射时，波的路径发生了改变或弯曲。由阻挡表面产生的二次波散布于空间，甚至于阻挡体的背面。绕射损耗是各种障碍物对无线电波传输所引起的损耗。

5）散射波

类比：还是以打桌球为例，假设在一个范围内的很多球的彼此间距不超过一个球，当母球打到这些球中间，会激起很多球向不同方向运动，很像散射。

当无线电波穿行的介质中存在小于波长的物体，且单位体积内阻挡体的个数非常巨大时，发生散射；散射波产生于粗糙表面、小物体或其他不规则物体。在实际的通信系统中，树叶、街道标志和灯柱等会引发散射。

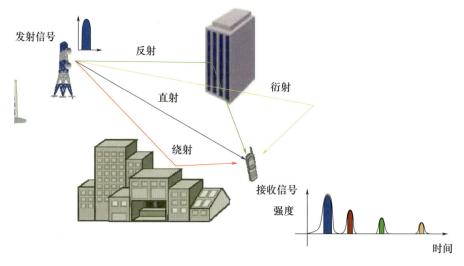

直射波、反射波、绕射波与散射（衍射）波

6）趋肤效应

类比：下大雨后，泥土路中间积满了水，大家只好沿着路边排队通过。路的有效通过面积由于积水而减少，影响了人们的出行效率。

由于导体内部的感抗对交流电的阻碍作用比表面更大，交流电通过导体时,各部分的电流密度不均匀,导体表面电流密度大(减少了截面积,增大了损耗),这种现象称为趋肤效应。交流电的频率越高,趋肤效应越显著,频率高到一定程度时,可以认为电流完全从导体表面流过。

实际应用:空心导线代替实心导线,节约材料;在高频电路中使用多股相互绝缘细导线编织成束来削弱趋肤效应。

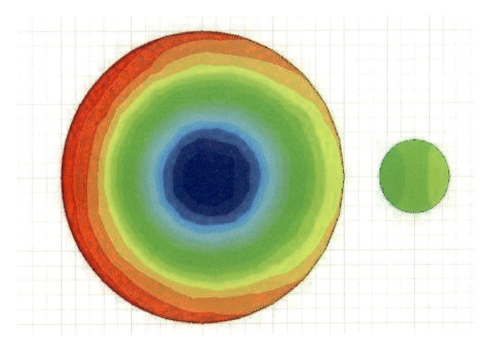

趋肤效应

7)多径效应

类比:小时候玩泥巴,在一个小土堆的顶端倒水,水从四处流开,很多水都渗在土里或者流到不同方向损失掉了,有部分水流通过不同路径、不同时间汇到一个低洼的地方。

无线电波的多径效应是指信号从发射端到接收端常有许多时延不同、损耗各异的传输路径,可以是直射、反射或是绕射,不同路径的相同信号在接收端叠加就会增大或减小接收信号的能量的现象。

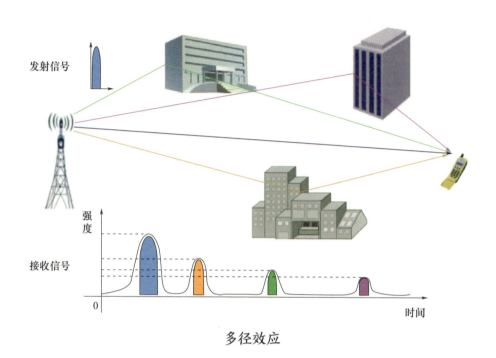

多径效应

8）阴影效应

类比：和煦的阳光普照大地的时候，树木、房屋就有影子，这个影子不是完全的黑暗，是一种强度减弱很多的光。

在传播路径上，无线电波遇到地形不平、高低不等的建筑物、高大的树木等障碍物的阻挡时，在阻挡物的后面，会形成电波信号场强较弱的阴影区，这个现象就叫作阴影效应。

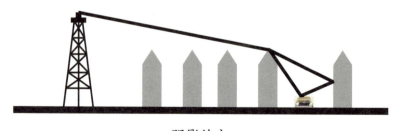

阴影效应

9）菲涅耳区

类比：有时候，人眼最有效的视力范围也是一个椭球体。椭球体之外的东西虽然也能看到，但是已经不是特别清晰。一个训练有素的射击运动员，他的有效视力范围一定集中在他和目标的半径非常小的椭球体内。

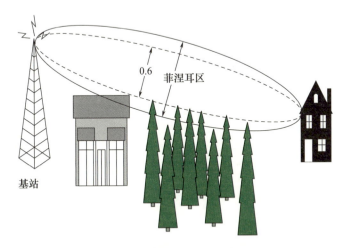

菲涅耳区

菲涅耳区是一个椭球体，收发天线位于椭球的两个焦点上。这个椭球体的半径就是第一菲涅耳半径。在自由空间，从发射点辐射到接收点的电磁能量主要是通过第一菲涅耳区传播的，只要第一菲涅耳区不被阻挡，就可以获得近似自由空间的传播条件。

为保证系统正常通信，收发天线架设的高度要满足使它们之间的障碍物尽可能不超过其菲涅耳区的20%，否则电磁波多径传播就会产生不良影响，导致通信质量下降，甚至中断通信。

10）慢衰落和快衰落

类比：在股市下降过程中，虽然其分时曲线波动剧烈，但是其周线变化一般比较缓慢；另一种情况下，股价的分时瞬时值变化剧烈，很像快衰落。

无线电波传播过程中，信号强度曲线的中值呈现慢速变化，叫作慢衰落。慢衰落反映的是瞬时值加权平均后的中值，反映了中等范围内数百波长量级接收电平的均值变化，一般遵从对数正态分布。

慢衰落产生的原因：

（1）路径损耗；

（2）阴影效应导致的信号衰落等。

快衰落就是接收信号场强值的瞬时快速起伏、快速变化的现象。快衰落是由于各种地形、地物、移动体引起的多径传播信号在接收点相叠加，由于接收的多径信号的相位不同、频率、幅度也有所变化，导致叠加以后的信号幅度波动剧烈。在移动台高速运行的时候，接收到的无线信号的载频范围随时间不断变化，也可引起叠加信号幅度的剧烈变化。

一般快衰落可以细分为：

（1）多径效应引起空间选择性衰落，即不同的地点、不同的传输路径衰落特性不一样；

（2）载波频率的变化引起载波宽度范围超出了相干带宽的范围，引起的信号失真，叫作频率选择性衰落；

（3）多普勒效应或多径效应可以引起不同信号到达接收点的时间差不一样，超过相干时间，引起的信号失真叫时间选择性衰落。

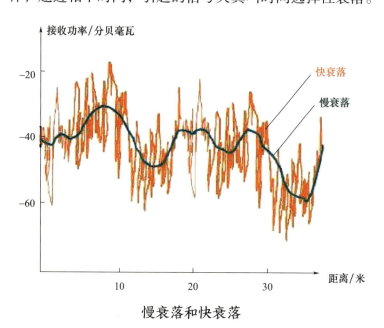

慢衰落和快衰落

电磁波的"大家族"
——电磁频谱

电磁波家谱

人类对电磁波的认识最早是在光学领域。历史上许多著名的物理学家都探索过光的本质,其中就有伟大的科学家牛顿。1666年,英国物理学家牛顿做了一次非常著名的实验,他将三棱镜放在太阳下,通过转动三棱镜使光照在一个平面上,结果平面上显示出红、橙、黄、绿、蓝、靛、紫的七色色带。针对这个现象,牛顿大胆地推定:太阳的白光是由七色光混合而成,当它们透过三棱镜时,由于折射率的不同而产生不同的偏转角度,这样就显现出七种不同的颜色。

这是人类历史上第一次对可见光的"家族"有了直观的认识。但是受限于当时的技术,人们并没有把光和电磁波统一起来研究。直到1888年赫兹证实了电磁波的存在后,越来越多的科学家开始关注电磁波,通过更为深入地研究探索,不仅证明了光是一种电磁波,而且还发现了更多形式的电磁波。

电磁波三要素

在频域条件下,电场的波动方程可以简化为

$$E=eE_0(\omega t-kz+\varphi)$$

式中:k 是波数。

上式就给出了电磁波的三要素:频率 ω,振幅 E_0 和相位。ω 一般是指角频率,即

$$\omega=2\pi f$$

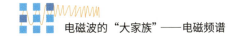 电磁波的"大家族"——电磁频谱

1)频率

做射频的人都知道频率的重要性,射频就是发射电磁波的频率,我们工作中所遇到的任何射频器件都与频率相关,频率的重要性不言而喻,在这里我们称频率 ω 为电磁波三要素之首,想想也不为过吧。

我们把麦克斯韦方程组的前两项用频域形式来表示就是:

$$\nabla \times H = j\omega\varepsilon E + J$$

$$\nabla \times E = -j\omega\varepsilon H$$

由此可以清楚地发现:电场和磁场转化的一个重要条件就是频率 ω,只有当频率足够高时,才能实现电磁之间的有效转换,电磁波的步子才能迈开,向空间迈进。

当频率 $\omega = 0$ 时,就是我们常用的直流,这种情况下电磁无法转换而只能各自独立存在。也就是说,变化的磁场产生电场,变化的电场产生磁场。

在射频电路设计时,当频率低的时候,我们常用"路"的方法进行分析,当信号的频率足够高时,电磁才会"夺路而走",形成自由的波。这也就决定了,频率越高,越容易形成辐射,射频电路设计的难度也越大。趋肤效应也是频率的一种体现。

所以在研究高频时,更倾向于用场的方法,把它放在空间里去研究,而不要局限在路上。只研究路,可能会忽略很多外界的影响。

2)振幅

其实振幅很简单,前面频率因子给电磁波定义了它的域,那么振幅就是它的强弱,定义了电磁波的能量。

电磁波的能量大小由坡印廷矢量决定,即 $S = E \times H$,其中 S 为坡印廷矢量,E 为电场强度,H 为磁场强度。E、H、S 彼此垂直构成右手螺旋关系,即由 S 代表单位时间流过与之垂直的单位面积的电磁能,单位是瓦每平米。

当然对于不同的用途,电磁波的振幅也不同,比如,在我们常用

的移动通信领域，基站的发射功率通常为10~80瓦，手机的发射功率则通常为1毫瓦～2瓦，而调频广播的发射功率则会高达20千瓦。当然，在军事上的微波武器中，振幅则更为重要，利用微波武器可以瞬间烧毁敌方的电子设备。

3）相位

电磁波的相位是对于一个波，特定的时刻在它循环中的位置：一种它是否在波峰、波谷或它们之间的某点的标度。

相位描述信号波形变化的度量，通常以度作为单位，也称作相角。当信号波形以周期的方式变化时，波形循环一周即为360°。

相位对于在空间传输的电磁波来说，就是指特定时间，特定地点电磁波的相位角，这个相位角对应着周期变化的电磁波振幅的强弱。

电磁波家庭成员

电磁波是一种粒子波，粒子之间本质完全相同，只是波长和频率有很大差别，其中频率对于电磁波来说尤为重要。因此，电磁波家族多数以频率来"论资排辈"。按照"辈分"由低频率到高频率排列起来就形成了电磁波的家谱，主要包括无线电波、微波、红外线、可见光、紫外线、X射线、γ射线。通常意义上所指的有电磁辐射特性的电磁波是指无线电波、微波、红外线、可见光、紫外线。而X射线及γ射线通常被认为是放射性辐射特性的。

电磁波不依靠介质传播，在真空中的传播速度等同于光速，即3.0×10^8米/秒。同频率的电磁波在不同介质中的传播速度不同：不同频率的电磁波，在同一种介质中传播时，频率越大折射率越大，速度越小。电磁波只有在同种均匀介质中才能沿直线传播，若同一种介质是不均匀的，则电磁波在其中的折射率不一样，在这样的介质中将沿曲统传播。电磁波通过不同介质时，会发生折射、反射、衍射、散射及吸收等现象。因此，电磁波的传播有沿地面传播的地

电磁波的"大家族"——电磁频谱

面波,还有从空中传播的空中波以及天波,在空间中是向各个方向传播的。

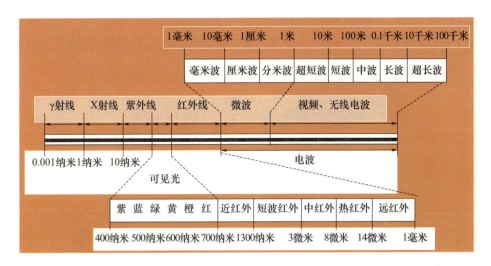

电磁波家谱

电磁波的家谱范围很广,波长最长的是无线电波,为 3×10^2 米,其波长是可见光波长的几十亿倍;波长最短的是 γ 射线,波长为 3×10^{-17} 米,其波长比可见光小几百万倍。下面简单介绍家族中"表现活跃"的成员们。

X射线:骨骼和分子的故事

伦琴于1895年偶然发现了X射线,因此荣获了1901年的首个诺贝尔物理学奖,而至今与X射线相关的研究已经斩获了15个诺贝尔奖。

X射线波长为0.01～10纳米,能穿透软组织,但不能穿透骨骼,很快就用于医学成像。早期人们不知道这种新辐射的危害,甚至引发了狂热,市面上出现了各种X射线产品,如X射线头痛药和火炉抛光……直到20世纪50年代,一些鞋店还用X射线仪来寻找最适配的鞋!

47

X射线应用远不止于医学成像。X射线结晶学揭示了DNA结构，X射线同步加速器自20世纪80年代以来在的应用成果颇丰。如今，X射线自由电子激光器能够产生超快和高亮X射线，用于拍摄化学反应和确定单个生物分子的结构。

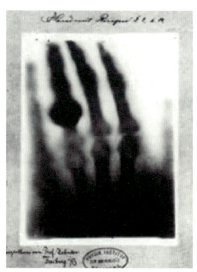

伦琴及其夫人手掌的X光图像

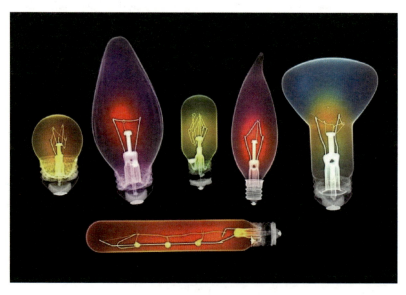

灯泡X光成像图（增加彩色渲染）

电磁波的"大家族"——电磁频谱

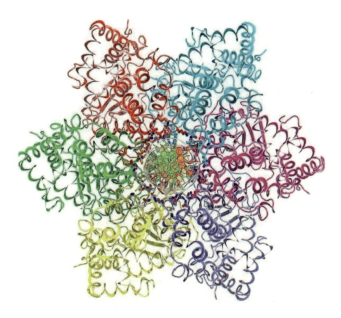

X射线结晶学图像揭示DNA如何展开和复制

X射线应用还包括黑洞和暗物质探索、检测文物和考古，比如，通过展示一幅画作的底层，以此窥视大师的内心世界。当然，X射线的应用还有最常见的安检。

紫外：不止于防晒

紫外（UV）跨越10～400nm，位于X光和可见光之间。太阳镜标签上一般有UVB和/或UVA保护字样，因为两者是穿透皮肤最深的紫外光；不过UVB光也有助于人体维生素D的生成，因此有助于钙吸收。

现在让我们走进激光科学前沿：极端非线性频率转换。当强激光脉冲与气体相互作用时，能够产生数倍于原始频率的激光频率，即所谓的高次谐波产生（HHG）。HHG是获得超短极紫外（XUV）脉冲的卓有成效的方法。2012年，常增虎团队创造了67阿秒的世界最短脉冲记录。去年他们更进一步，不过波长仍属于X光范畴。

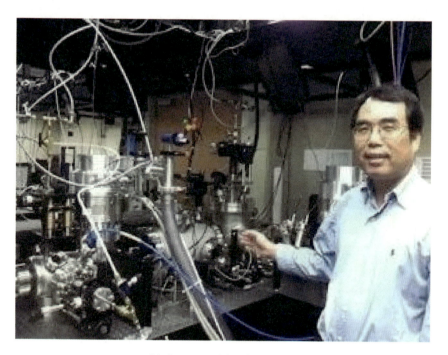

创造67阿秒极紫外脉冲

可见光：多彩的世界

太阳向地球辐射的电磁波谱如此之宽，人类可见光范围却为何如此之窄？

让我们从地球的万光之源——太阳讲起。太阳是一个巨大的黑体，根据普朗克定律和太阳温度，我们知道太阳辐射最高峰刚好处于可见光。但是，这只是故事的一部分。

不是所有太阳辐射都能大量入射到地球，大气有很大吸收，于是成为人类视觉波段的候选只剩下了紫外、可见光、近红外和无线电波。

无线电波波长可达几千米，虽然传输信息很有用，但是如果我们依靠这么长的波长看东西将无法分辨任何细节。这样就排除了无线电波。

电磁波的"大家族"——电磁频谱

多彩的世界

红外呢？有些动物能看见红外，但是一般都是冷血动物。如果人类也能看见红外，由于自身有大量红外辐射，我们就可能被自身热量致盲。紫外光能量很强，虽然有些动物拥有紫外视觉，但是，既然紫外光可能烧伤皮肤，那么聚焦到我们脆弱的视网膜上就会造成伤害。

最终，我们只有一个选择：可见光谱。

近红外：简要说明书

从可见光区向长波长移动就进入了红外世界，包括近红外（NIR）、中红外（MIR）和远红外（FIR）。NIR 区域为 750～2500 纳米，NIR 和 MIR 界线会略有不同。

1800 年威廉·赫歇尔在望远镜中使用黑色滤光片发现"热的感知"，他认为可见光之外还有不可见光。

赫歇尔的发现推进了天文光谱学的发展。虽然 NIR 光谱学也能用于分析某些化学物质，但是 NIR 最重要的应用是光纤通信。最初是使用 800～900 纳米的光传输信息，由于该波段长距离的光纤损耗太大，后来改用 1260～1360 纳米波段。现在，C 波段（1530～1565 纳米）最常用于长距离和水下光学通信。总体而言，我们定义了六个光纤通信波段（OESCLU）来满足信息需求。

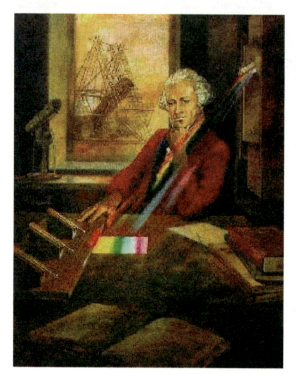

威廉·赫歇尔

中红外：分子指纹区域

中红外（MIR）区域包含很多分子指纹。

分子可以处于不同的激发态，分子键伸长、以质心振动或绕某个轴旋转。激发能够存储能量，能量可以用波长表达，而很多旋转和振动激发对应 MIR 波长。由于不同分子对应的波长不同，因此我们可以使用光谱学根据光谱指纹去鉴别材料。机场安检时，通过光谱仪扫过身体或行李能探测可疑物质。

中红外传输光纤主要有两类：氟化物和硫系玻璃。普通石英光纤只能传输可见光和近红外，4微米以上波长就无法透过。

如何产生 MIR 光呢？量子级联激光器（QCL）是一种方法，如 Thorlabs 公司提供 4～12 微米的 QCL 激光器，另外我们还有 1.3～4.5 微米中红外超连续谱激光器。

太赫：不断发展

太赫波频率范围大约为 300 吉赫～10 太赫，处于远红外和微波之间，可谓光子学和电子学的分水岭。太赫技术近年来在科研、工业和安全应用发展迅猛，可用于分子光谱分析、无损探伤、质量控制、安全检查等。

太赫波能穿透衣物和有机材料，但无法穿透金属，而某些爆炸物和药物也有清晰的太赫吸收指纹，因此能够用于安全扫描仪辅助安检。

太赫波特性包括：穿透多种非导体材料、被金属反射、影响半导体材料的载流子、频率匹配某些分子的振动或旋转跃迁、低光子能量不产生电离。其他潜在用途包括替代无线电波作为高频载波，用于未来移动通信，打开超高带宽数据连接之门。太赫技术也已用于生物医学，如皮肤癌检查。

电磁频谱基础特性

在网络空间（Cyberspace）概念出现的初期，并不包含电磁频谱。20世纪90年代，Cyberspace基本与互联网（Internet）同义。2003年2月，布什政府公布《确保网络空间安全的国家战略》中，将Cyberspace定义为"由成千上万的互联的计算机、服务器、路由器、转换器、光纤组成，并使美国的关键基础设施能够工作的网络，其正常运行对美国经济和国家安全至关重要"。

近年来，电磁频谱已经被明确为网络空间的组成部分之一。2006年12月，美国国防部和参谋长联席会议在《网络空间行动国家军事战略》中对网络空间定义为："网络空间是指利用电子学和电磁频谱，通过网络化系统和相关的物理基础设施来存储、修改或交换数据的域。"2008年3月，《美空军网络空间战略司令部战略构想》则进一步明确，网络空间主要由电磁频谱、电子系统以及网络化基础设施三部分组成。电磁频谱不仅仅是传输数据的媒介，还是获取信息的重要工具。据统计，采用无线方式（包括Wi-Fi、IEEE802.11、Wi MAX等）接入因特网的用户数量接近50%；通信网中移动通信占用了70%以上；在工业控制系统中，无线传输的比例也越来越高；在地质勘探、智能交通和空间探测等领域，以电磁探头、雷达等为传感器的无线电系统发挥着不可替代的作用。

什么是电磁频谱

百度百科给出的定义为：电磁频谱，是指按电磁波波长（或频率）

连续排列的电磁波族。在军事上,电磁频谱既是传递信息的一种载体,又是侦察敌情的重要手段,因此成为交战双方争夺的制高点之一。

全球百科给出的定义为:电磁频谱覆盖的电磁波的频率范围从 1 赫以下到 1025 赫以上,对应的波长范围是数千千米到原子核大小的几分之一。该频率范围被划分为不同的频带,每个频带内的电磁波用不同的名称来称呼。从频谱的低频(长波长)开始,它们是:无线电波、微波、红外线、可见光、紫外线、X 射线和高频(短波长)端的 γ 射线。每个频带中的电磁波具有不同的特性,例如,它们的产生方式、它们与物质的相互作用方式,以及它们的实际应用。长波长的极限是宇宙本身的大小,而人们认为短波长极限在普朗克长度附近。γ 射线,X 射线和高紫外线被归类为电离辐射,因为它们的光子具有足够的能量使原子电离,从而引起化学反应。

从上可以看出电磁波谱其实就是一个频率范围,对应于宇宙中所有不同形式的电磁辐射,从最舒展的低频波到非常紧密的高频波。这些频率对应不同的辐射水平,辐射是能量以波和粒子的形式在宇宙中传播。低频辐射的波长要长得多,这意味着辐射波之间的距离很长,可达许多千米。另一方面,高频辐射的波长很短,只有一米的万亿分之一。

电磁频谱是如何排列的

最新版的无线电划分规定将无线电频谱分为下面表中的 14 个频段,频率范围(波长范围亦类似)均含上限、不含下限,无线电频率以 Hz (赫(兹))为单位,其表达方式为:

——3000 千赫以下(包括 3000 千赫),以千赫(kHz)表示;

——3 兆赫以上至 3000 兆赫(包括 3000 兆赫),以兆赫(MHz)表示;

——3 吉赫以上至 3000 吉赫(包括 3000 吉赫),以吉赫(GHz)表示。

带号	名称	符号	频率	波段	波长
-1	至低频	TLF	0.03～0.3 赫	至长波或千兆米波	1000～10000 兆米
0	至低频	TLF	0.3～3 赫	至长波或千兆米波	100～1000 兆米
1	极低频	ELF	3～30 赫	极长波	10～100 兆米
2	超低频	SLF	30～300 赫	超长波	1～10 兆米
3	特低频	ULF	300～3000 赫	特长波	100～1000 千米
4	甚低频	VLF	3～30 千赫	甚长波	10～100 千米
5	低频	LF	30～300 千赫	长波	1～10 千米
6	中频	MF	300～3000 千赫	中波	100～1000 米
7	高频	HF	3～30 兆赫	短波	10～100 米
8	甚高频	VHF	30～300 兆赫	米波	1～10 米
9	特高频	UHF	300～3000 兆赫	分米波	0.1～1 米
10	超高频	SHF	3～30 吉赫	厘米波	1～10 厘米
11	极高频	EHF	30～300 吉赫	毫米波	1～10 毫米
12	至高频	THF	300～3000 吉赫	丝米波或亚毫米波	1～10 丝米

　　从理论上来说，电磁波频率越低，波长越长，传播过程中能量损耗越小，绕射（绕过高楼、树木等障碍物）能力越强，有效传播距离也越远。相反，电磁波频率越高，绕射能力越弱，有效传播距离越近，但穿透物体的能力越强。这些特点决定了不同频率的电磁波在传播方式和应用领域方面存在较大的差异。

　　从频率划分表中可以看出，长的电磁波波长能到 10 兆米，频率 3 赫，1 秒三个波，携带的信息十分有限，如果用来通信的话，等你一句话说完，估计就可以过年了。

　　极长波至甚长波，主要沿着地球表面进行长距离传播（也称地波传播），并且在地下和海水中也有较好的传播特性，用这种通信方式，就一个字：稳！江河大山都挡不住，甚至能穿透几十米深的海（海水导电，是电磁波的克星）。不过只能勉强携带点信息，发一个"hello"，大概需要半小时，也就比写信稍微强点。但由于实在是太稳了，因此，以上频段的电磁波主要用于对潜通信、水下导航、地下通信、地质勘探、国际长距离无线电导航等业务。

长波，既可以沿着地球表面传播，也可以通过电离层的反射进行天波传播。一般来说，地波传播可达200～300千米，天波传播可达2000～3000千米，甚至更远。因此，这个频段的电磁波主要用于长距离无线电导航、标准频率和时间信号广播、电离层研究等领域。

中波和短波，主要是通过电离层反射的方式，经过一跳或多跳实现远距离传播。只不过，中波和短波受电离层变化的影响比较明显，信号传播不够稳定，有时会出现通信中断的情况。相对长波而言，能携带的信息就很可观了，而且照样还能跑很远，几百千米不在话下，所以收音机广播、电报、业余无线电一般用这个频段。假如你困在荒岛上，有个飞机路过，赶紧用121.5兆赫呼救，这是民用紧急通信频率，还有个军用紧急通信频率243兆赫，这些都是不加密的公共频率。

由于短波通信天线尺寸较小、生产成本较低、建立链路方式灵活，因此在卫星通信、光纤通信日趋成熟的今天，短波通信仍然是公认的廉价、简单、方便和可靠的远程通信手段，并广泛应用于国际广播（如BBC）、导航、远程点对点通信等领域。

米波、分米波、厘米波通常也称为超短波或微波，传播过程中受大地吸收而急剧衰减，绕射能力非常弱，遇到电离层也不能反射回来，所以，这一频段的电磁波只能使用视距传播和散射传播两种方式。虽然衰减已经很明显了，但一口气还能跑个百十千米，够用；另一方面，频率到了吉赫级别，能携带足够多的信息，不但话能说利索了，还有多余工夫让你加个密什么的。所以这个波段是通信的焦点，什么1G、2G、3G、4G以及5G的主频段，什么卫星通信、雷达通信，全在这，统称微波通信。

到了毫米级，电磁波就跑不了多远了，虽然毫米波不太发散，但很容易被周边物质吸收或反射，几乎没啥穿透性，用来通信很鸡肋，不过用在导弹导引雷达或微波炉上是棒棒的。但，毕竟频率超过了 30 吉赫，携带的信息量实在太馋人。频率范围 24250～52600 兆赫，这个频段频谱丰富，可实现超大带宽，频谱也较为干净，干扰小，因此也作为 5G 的扩展频段。

来到丝米波或亚毫米波。毫无疑问，能携带的信息量继续倍增，但波长 0.7 微米的电磁波就已经是可见光了。可见光都见过吧，别说穿墙了，一张纸都够呛，想接着按照 7G、8G、9G 的套路肯定走不通啊。然后，就有了激光通信，发射端和接收端必须瞄得准准的，中间还不能有阻挡，这优缺点相信大家都很清楚。

频率再往上，波长到了 0.3 微米，也就是 300 纳米，就不管频率的事了，这玩意儿就是我们熟知的紫外线，终于对人体有害了。太阳光里的紫外线大约占了 4%。波长 200 纳米的紫外线，在太阳光中几乎是没有的，所以在阳光太强时，紫外线通信就成了激光通信很好的补充，不但隐蔽性更好，还不用对得那么准，在几千米的距离上非常好用，是近些年军事通信的研究热点。波长到了纳米级就成了 X 光，波长短到了 0.01 纳米以下，这就是闻之色变的伽马射线，来自核辐射，全宇宙最强的能量形式之一！

电磁频谱特性

自从人们发现并开始使用电磁波以来，我们的生活便和这种"看不见、摸不着"的资源紧密相连了。你观看的电视，收听的广播，帮助你到达目的地的 GPS 导航仪，以及你用来打电话、浏览"朋友圈"的智能手机等，都是通过无形的电波来传输各类信息的。为此，电磁频谱资源作为一种国家战略资源，受到多国政府的高度重视。我国已从法律的角度明确了电磁频谱作为国家战略资源的属性和重要地位。

电磁频谱资源如此重要，可我们在平时使用时，为什么并没有感到什么约束限制，也没有看到"请节约使用频谱资源"之类的宣传标语？这是由电磁频谱资源自身特点决定的，也是它区别于其他普通自然资源的"神奇"之处。

一是具有国家主权性。

电磁频谱是目前人类唯一理想的无线信息传输媒介，属于国家所有，与土地、森林、矿藏等资源一样，既是一种稀缺的自然资源，也是决定国家发展和战争胜负的重要战略资源。电磁频谱资源对人类的影响，就像水和太阳一样不可或缺。我国《物权法》的第46条至第52条，分别规定了矿藏、土地、森林、野生动植物、频谱、文物、国防资产的国有属性，体现了电磁频谱领域的国家主权性。我国在2007年修订的《中华人民共和国物权法》第50条单独明确规定："无线电频谱资源属于国家所有。"频谱资源的国有属性这一条是完全单列的，13个字单独成条在我国的法律中还不多见。

二是具有资源的无限性和使用的有限性。

理论上电磁频谱是覆盖0至无穷大赫兹的一种特殊自然资源。一般意义上，国际电信联盟（简称电联）规划的可以利用电磁频谱范围为10千赫～400吉赫，低于这一范围进入音频，高于这一范围进入光波。但受目前信息技术水平的限制，可供人类开发和使用的频谱只占资源总量的68%。其中，3吉赫以下最优频谱，应用趋于饱和，发展空间受限，我国大概有72%以上的用频武器装备和国家78%以上的民用无线电设备，都集中在3吉赫以下，用频矛盾十分突出；3～10吉赫的好用频谱，应用更广泛，竞争更趋激烈；10～60吉赫的可用频谱，技术日趋成熟，抢占优先使用权的趋势更加明显；60吉赫以上待开发频谱，开发利用受技术和元器件的限制，亟待突破；卫星频率轨道资源的好用频率瓜分殆尽，"黄金导航频率"的80%已被美国和俄罗斯率先抢占。

三是具有商业价值属性。

英国政府在其发布的《21世纪的频谱管理》白皮书中，明确提出引入频谱定价、频谱拍卖、频谱贸易等手段，激励频谱资源的高效利用和新技术的研发。据不完全统计，1995年至2011年间，美、英、德、法、韩等国为发展第三代、第四代移动通信网络，所拍卖的频谱价值共计约1300亿美元。同时，有研究采用（柯布-道格拉斯生产函数）实证分析方法，通过对我国1999年至2005年的数据进行分析后，测算出频谱投入对我国GDP增长率的贡献高达6.3%，频谱资源投入对经济增长的贡献率则达到4.61%，已经超过人力资本对经济增长的贡献率。

四是具有"三域"分割的特性。

目前，除了航空无线电导航、遇险搜救、射电天文等业务用频属于"专属专用"的保障方式外，其他约90%以上的频段都由多种无线电业务共用，之所以能够共用，主要由于电磁频谱具有空间域、时间域、频率域的三维特性。当多种用频武器装备密集部署时，电磁波在空域上纵横交错、时域上动态变化、频域上密集交错，"三域"重叠问题就很难避免，容易导致用频装备电磁通道"撞车打架"，产生自扰、互扰，也容易受到干扰。但三域中只要有一域区分好，用频武器装备之间也就不会干扰。可以通过区分使用时段的方法，制定频谱管制计划，从时域层面避免干扰；可以通过拉开间隔距离的方法，制定部队（装备）的部署计划，从空域层面避免干扰；可以通过划分、规划、分配和指配频率的方法，制定用频方案，从频域层面避免干扰。

五是具有开放性。

电磁波无疆无界，看不见，摸不着，跳动于无形空间，渗透在每个角落。电磁频谱资源为人类共同拥有，国际共用、军地共用、敌我共用，只要符合国际的划分规定就可以，人们把它概括为电波传播无国界。电磁辐射源可以来自太空、空中、海上、地面、海中，来自我方和敌方，来自军用和民用，来自不同平台和设备，各类用频武器装备易受自扰互扰、有意干扰或无意干扰，这就带来了复杂的电磁环境。

六是电磁环境是否复杂具有相对性。

复杂电磁环境是指在一定的空间域、时间域和频率域上，多种电磁信号同时存在，对武器装备运用和作战行动产生一定影响的电磁环境。电磁环境可以是简单的，也可以是复杂的。简单的电磁环境对用频装备 A 的影响可能是简单的，但对用频装备 B 的影响就可能是复杂的。因而"复杂电磁环境"中的"复杂"是对电磁环境的一种相对描述，是人们对电磁环境的一种主观认识程度。通常将造成下述两种情况的电磁环境称为复杂电磁环境：一是敌方的电磁干扰压制，己方的电子信息装备抗敌电磁干扰压制的能力弱；二是己方的电子信息装备的电磁兼容性差，电磁管控不力。如果用频装备的作战效能不会因为电磁环境的影响而下降，这时的电磁环境就不应该称为复杂电磁环境。所以，从本质上来说，复杂电磁环境未必"复杂"，我们不应该纠结于电磁环境怎么复杂，更应该研究电子信息装备在战场电磁环境中的适应能力。

七是具有可控性。

电磁频谱资源存在于作战的全时空，作用于战争的全要素，贯穿于作战的全过程。频段越来越拥挤，频谱需求越来越旺盛，频谱资源供需矛盾的现象越来越突出。我们可以通过"开源节流"的方式缓解上述矛盾，开源是通过采用先进信号传输技术、提高用频设备工艺水平等手段，推动电子信息装备在高频段的应用，并加大我国在国际上的竞争能力，抢占卫星频轨资源；节流是前端做好频谱资源规划，统筹管理好频谱资源的使用，后端对在用和退役装备节余下来的频谱资源进行重新规划。其中，美国提出的频谱碎片整理技术，欧洲开发的"频谱池"技术，都是将不连续的频谱资源收集整合，提高频谱的使用效益。

信息时代的无形基石

当今世界，我们工作生活的空间充斥着各种各样的无线电信号。通过这些信号，我们可以随时随地与亲友视频聊天，可以足不出户地点餐购物，可以轻车熟路地自驾远游……十年前，当IBM提出"智慧地球"的理念时，大多数人还觉得遥不可及。十年后，我们的生活方式已经发生了翻天覆地的变化，"智慧地球"的美好愿景正在逐步成为现实。所有的这些改变，都离不开电磁频谱在各领域的广泛应用。

电磁频谱比子弹更重要

2011年12月4日，伊朗向全世界宣布其捕获了一架美国"哨兵"无人侦察机，并通过实物展示证实了这一新闻。一时间，世界舆论哗然，人们纷纷猜测这样先进的隐形无人侦察机，怎么会被伊朗"手到擒来"。不久有外媒披露，"哨兵"之所以会被捕获，是因为伊朗方面利用GPS漏洞重构了这架无人机的坐标，并发出欺骗性指令，控制其改变飞行航线和着陆而被顺利捕获。外媒专家评析指出，美伊电磁交锋这一典型战例，不仅凸显出电磁频谱空间无形较量分外激烈，更表明电磁频谱对抗在现代信息化战争中举足轻重。

电磁指令控制作战体系

网络电磁空间以自然存在的电磁能为承载体，以人造网络为平台，以信息控制为手段，通过信息传输充斥于陆海空天实体空间，并依托电磁指令传递无形信息,来控制联合作战体系高效运行。

在冷兵器战争和热兵器战争时代,电磁争夺无从谈起。即使在机械化时代,电磁频谱所起的作用充其量也只是部分通信指挥。而在信息化战争中,通信联络、指挥控制、情报侦察、预警探测、导航定位等无不与电磁频谱控制紧密相关。据外电披露,2007年以色列空军曾对叙利亚防空系统实施"网电空间"攻击,成功控制了叙利亚方面的雷达系统,保证了以军空袭计划的顺利实施。外电评论指出:"这一事件表明网电空间搏击的效果完全可以同核打击一样产生强大的威慑力。"所以电磁频谱管理对"网电空间"的形成极为重要。

电磁空间是国家重要的战略资源。因此,信息化战争预谋制信息权,必先谋制电磁权。在信息作战中,电磁空间的争夺往往会先于其他作战行动,并贯穿整个作战过程。伊拉克战争中,美军开战前12小时实施了"白雪"行动,施放宽带强功率压制式干扰,对伊军大举实施电磁攻击,迅速夺取制电磁权,为战争铺平了道路。

"慧眼"感知电磁作战空间

信息化战争是体系与体系的对抗。为此,设置"战场迷雾",使战场对己方"单向透明",使对手"信息制盲",成为破敌作战体系重要的战争形式。电磁频谱管理以探测、监测为手段感知电磁作战空间,成为料敌如神的"慧眼",使电磁空间对己方"透明",进而夺取战争制电磁权和制信息权。反之,如不能感知电磁空间,作战体系就将成为"聋子"和"瞎子",只能被动挨打而无反击之力。伊拉克战争中,伊军在失去制电磁权后,指挥自动化系统顿时瘫痪,致使整个作战系统失控。虽然拥有作战飞机680架,却没能够击落一架多国部队的作战飞机;虽然拥有1700枚防空导弹,却只打下了一架多国部队的作战飞机。

电磁兼容整合作战力量

形成体系作战能力的关键,是各作战要素必须能够融合相辅、整体共生。然而，各作战要素往往分属不同领域不同部门，难以兼顾各方需求，电磁频谱管理正是以电磁检测为手段，对己方用频设备和系统进行电磁兼容性分析，避免各信息单元相互干扰抵消作战力量，从而确保形成体系作战能力。在英阿马岛海战中，当时号称英军最先进的"谢菲尔德号"巡洋舰，没有很好地解决卫星通信系统和雷达系统的频率使用问题，结果导致没有及时发现来袭的阿根廷战机，最终被贴近水面飞行的"飞鱼"导弹击中，舰毁人亡。可见，用频设备并不是越多越强大，如果不能电磁兼容，甚至会相互抵消作战性能。

基于信息系统的体系作战能力，核心是把各种作战力量、作战单元、作战要素整合集成为整体作战能力，以频谱识别、电磁辐射源定位、频率分配等为重要手段，疏通作战体系的传输路径，盘活体系传输网络。在伊拉克战争中，美军正是凭借强大的电磁频谱管理能力，确保了美英联军不同体制电子设备的相互兼容，使近2万部电台构成的无线电网络正常使用，为赢得战场优势发挥了重要作用。

群雄逐鹿力夺电磁领域制高点

外军认为："21世纪掌握制电磁权与19世纪掌握制海权、20世纪掌握制空权一样具有决定意义，因此信息化战争中频谱甚至比子弹更重要。"

各军事强国对电磁频谱管理一直高度重视，并相继制定出战略规划指导发展。法国、德国和荷兰先后发布了电磁频谱管理发展战略规划，以确保国家电磁空间安全运行，并努力成为电磁空间领域第一梯队的国家。美俄更是雄心勃勃，欲力拔头筹。

在电磁频谱发展的初期，在建设上经常是"家家点火"和"村村冒烟"，在管理上通常是"铁路警察各管一段"，各军种都竞相发展自己的系统，相互间却不具备兼容性，在联合作战中各成壁垒，使体系作战受到了严重制约。为解决相关问题，美军从"频谱21系统"向新一代"全球电磁频谱信息系统"加速发展，强化一体化频谱应用，并欲与地方政府频谱管理局及盟军部队实现互操作，提高频谱共享能力。

战时,可充分利用平时军地融合建设成果,使体系作战能力倍增。在2008年的俄罗斯-格鲁吉亚战争中,俄军就采取了军地统一领导、各自分头组织的方式进行战场无线电管理,有效保证了作战指挥和武器控制。

第二次世界大战期间,英国凭借使用短波频段的"本土链"雷达赢得了20分钟宝贵的空袭预警时间,以约900架战机击溃了德国2600架战机的疯狂进攻。

甚低频、极低频通信技术的应用,使潜艇能在几十、上百米深的水下接收指令,提高了潜艇的隐蔽性和战斗力。1972年,美军在远隔4600千米的距离上,实现了与水下120米深处的核潜艇通信。据了解,美军目前的3kHz以下极低频技术,可达成水下400米深的对潜通信。

1991年,美军在海湾战争中向伊拉克发射了一枚配备非核爆电磁脉冲弹头的战斧巡航导弹,攻击了伊拉克防空指挥中心的电子系统。1999年,美军在对南联盟的轰炸中,使用了尚在试验中的电磁微波武器,瘫痪南通信设施3个多小时。2003年,美军又用电磁脉冲弹空袭了伊拉克国家电视台,造成其转播信号中断。

2011年的5月,美军击杀本·拉登的"海王星之矛"行动就是电磁频谱支撑现代作战的一个经典例证。此次行动,由美军阿富汗贾拉拉巴德的联合行动中心,通过卫星通信指挥海豹突击队实施,在距白宫万里之遥的巴基斯坦阿伯塔巴德,无人机将突击队的行动过程视频通过卫星通信系统回传白宫情况室、五角大楼指挥中心和联合行动中心。海豹第6小队队长利用超短波单兵电台现场指挥,最终达成作战目的。需要说明的是,每个海豹突击队员的通信装备是"陆地勇士"单兵系统,使用甚高频、特高频频段,与特战空勤团、联合行动中心之间进行作战协同、态势分发和情报共享,其他武器系统加装热成像仪、数字摄像机、激光测距瞄准器等用频设备,工作频段已突破无线电频谱3000吉赫的上限,支持自动解算弹道、自动填装灵敏弹药、自动跟踪瞄准,进而选择动能杀伤或凌空爆破杀伤等打击手段。

英阿马岛之战,号称英海战利器和舰队骄傲象征的"谢菲尔德"

号巡洋舰，因卫星通信和雷达系统互不兼容，只能轮流开机工作，被阿根廷"超级军旗"飞机抓住战机，发射"飞鱼"式导弹击沉。

第5次中东战争，以色列利用事先截获的叙利亚军队雷达和"萨姆"导弹发射的频谱参数，作战中，仅用6分钟就将其驻守在贝卡谷地的19个"萨姆"防空导弹阵地彻底摧毁。

2011年12月，伊朗采用首先干扰压制RQ-170隐身无人侦察机测控链路，迫其转入依赖卫星导航系统自主飞行，然后对机载卫星导航设备实施位置欺骗，诱导其落于伊朗境内。

电磁波在社会的深远影响

电磁频谱是人们实现自由沟通的"立交桥"。电磁频谱与我们日常生活关系最为紧密的应用之一就是公众移动通信。目前，我国手机用户数量已经突破了11亿人，以3G、4G为代表的智能手机已经走进千家万户，不仅满足了人们随时随地自由通信的需要，还成为集拍照、娱乐、理财、购物等功能于一身的个人智能移动终端。很难想象，一个没带手机的人，他的一天将会是什么样子。

电磁波在农业方面的应用

激光育种。激光育种是突变育种的一种，选用适当波段剂量的激光照射植物种子和其他器官，以诱发突变，进而在其后代中，选择优良变异个体，有可能培育成新品种。目前已在果树等植物育种上应用获得初步成功。也可照射卵、蛹，用于家蚕育种。

谷物品质分析。近红外光谱（Near Infrared Spectroscopy，NIRS）已成为谷物品质分析的重要手段。由于可以非破坏性地分析样品中的化学成分，为当前作物育种研究领域的品质育种提供了一个新的技术手段。近红外分析技术有快速、高效、低成本、无损、无污染等许多优点，适合于农业样品分析，尤其适用于现场分析和在线分析。

农药残留检测。利用紫外和可见光光谱可以有效地检测蔬菜和水果中的残留农药、药品和毒品，而且对动物、植物的农药残留和激素等有明显的辅助检测功效。

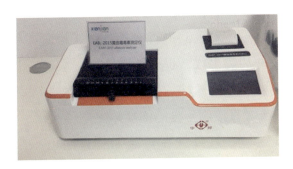

农药残留监测仪器

电磁波在工业方面的应用

激光测速仪。激光测距（即电磁波）是通过对被测物体发射激光光束，并接收该激光光束的反射波，记录该时间差，来确定被测物体与测试点的距离。激光测速是对被测物体进行两次有特定时间间隔的激光测距，取得在该一时段内被测物体的移动距离，从而得到该被测物体的移动速度。

激光测速仪测量汽车速度

食品加工。构成食品材料的离子大都带有某种电荷，可以形成电势差或电动势，当食品材料在受到外界刺激时，就会产生抵抗，通常表现为食品材料的电导率、电容率、击穿电位、刺激电位等电学特性。因此，可以利用电磁场对食品进行有效的加工处理。例如，微波在食品加工中作为一种加热手段，进行微波干燥、膨化、消毒、灭菌和热烫等；或者以各种形式的微波炉出现，作为辅助加热工具，进行肉的解冻、融化等，或者直接用于食品的加热烹调。

除了紫外线之外，红外线在食品加工方面也有广泛应用。远红外线近年来在食品加工中应用得十分广泛，主要是因为与热风加热或热风干燥相比，远红外的能量可以直接被食品物料吸收，减少能量的损失。远红外线波长较长，对物料的穿透性强，其光子能量级小，一般只产生热效应，不会引起物质的化学变化，对食品营养成分和色泽不会造成影响，远红外线被物料吸收的程度也不受物料色泽影响，所以使用远红外热加工，物料受热均匀，加工品质优良。远红外线在食品加工中可用于点心、肉制品等的烘烤，烹调食品的保温、冷藏食品的快速加热，谷物、大豆、咖啡、茶叶等的干燥，油炸食品如炸鱼、炸虾、炸土豆片等的炸制，无水煮食品的加工，酒类、调味品、水果的催熟，肉类制品、谷物、面粉的杀菌等。紫外线多应用在杀菌上，也可应用于果蔬保鲜及对加工食品性能的改善上。

电磁波在生活方面的应用

1）手机

手机既是个电磁波的接收器，同时也是个电磁波发射器。可见，手机实际上是一部可移动的无线电通信设备。移动的手机与不移动的基地台之间构成了一个可移动的无线通信系统。其工作过程大体是：移动的发话人对手机讲话，手机把声波经变换器转变为电信号，经天线发射出去，载有语言信息的电磁波被基地台接收，经变换器转变为电信号发射给另一移动手机，接收方手机接收电磁波信号，经转换器和发声器转变为声音，被收话人接听。

越来越普遍的智能手机

2）无线电广播与电视

在无线电广播中，人们先将声音信号转变为电信号，然后将这些信号由高频振荡的电磁波带着向周围空间传播。而在另一地点，人们利用接收机接收到这些电磁波后，又将其中的电信号还原成声音信号，这就是无线广播的大致过程。而在电视中，除了要像无线广播中那样处理声音信号外，还要将图像的光信号转变为电信号。

3）无线电遥控器

利用无线电信号对远方的各种机构进行控制的遥控设备。常用的无线电遥控系统一般分发射和接收两个部分。无线遥控器常见的有两种：一种是家电常用的红外遥控模式，另一种是防盗报警设备、门窗遥控、汽车遥控等等常用的无线电遥控模式。无线遥控的原理就是发射机把控制的电信号先编码，然后再调制，红外调制或者无线调频、调幅，转换成无线信号发送出去。接收机收到载有信息的无线电波，放大，解码，得到原先的控制电信号，把这个电信号再进行功率放大用来驱动相关的电气元件，实现无线的遥控。

4）一卡通

其实一卡通的结构并不十分复杂，其实质是以射频识别技术为核心的非接触式 IC 卡。卡内主体就是一个集成电路芯片（IC）和一个感应线圈（LC 振荡器）。但是与其配套的读卡器，也就是我们平时刷卡的机器结构就复杂得多了。内部结构分为射频区和接口区：射频区内含调制解调器和电源供电电路，直接与天线连接；接口区有与单片机相连的端口，还具有与射频区相连的收／发器、16 字节的数据缓冲器、存放 64 对传输密钥的只读存储器（ROM）、存放 3 套密钥的只写存储器，以及进行 3 次证实和数据加密的密码机、防碰撞处理的防碰撞模块和控制单元。读卡器随时都在发射频率和 LC 振荡器固有频率相同的脉冲，当卡靠近时，产生电磁激励，LC 振荡器产生共振，导通芯片工作，读写数据。这一切只发生在短短的毫秒数量级。

具有公交卡功能的校园卡

不同的一卡通是怎么区别开来的呢？为什么卡丢了你的钱不会少呢？这两个问题有一个共同的答案，那就是 IC 卡里面只含有身份信息，与身份信息相对应的财务信息只在电脑终端上有。所以每个人的一卡通都是区别开来的，所以我们卡丢了以后去补办还是能恢复原有的钱。

超越期待的电磁未来

面临挑战

电磁频谱是一种有限资源,随着传统无线业务和新兴无线业务的快速发展,有限的电磁频谱资源最终将会耗尽,电磁频谱需求与电磁频谱资源之间的矛盾日益凸显,对有序、安全地使用电磁频谱提出了严峻挑战。

传统的无线业务,如移动通信、电视、广播等业务所使用的电磁频谱采用固定的独占方式,导致电磁频谱资源的利用很不平衡。在蜂窝移动通信频段,频段变得相当拥挤,频谱资源供不应求。2001年德国利希特瑙地区的测量结果表明,欧洲的GSM系统占用了900兆赫附近的频率,是频谱使用的高峰波段。在广播电视频段,则存在时间和空间上的大量频谱闲置的现象。联邦通信委员会(FCC)的采样频谱图显示:在美国伯克利州市内0~6吉赫频段的频谱利用率仅在15%~85%之间,在0~3吉赫的频段内,频谱的占用率不足35%,在3~6吉赫之间频谱浪费更加明显,这表明特定的传统授权频段频谱利用率很低。在工业、科学和医用(ISM)等开放频谱频段,存在大量的无线业务,如无线局域网(WLAN)、无线个人域网络(WPAN)和无线广域网(WWAN),使得开放频谱已经趋于饱和。这导致这些业务之间的冲突干扰不断加剧,对各业务的高效、安全运行造成巨大威胁。

新兴无线业务频谱需求激增加剧了电磁频谱供求矛盾，有限的频谱资源制约了各种新技术的发展和应用，特别是在4G、物联网、空间卫星、新军事装备等面临大量电磁频谱"缺口"。现有电磁频谱分配情况表明：几乎所有的频谱都已经被授权业务所占用，新兴业务申购占用剩余的可用频段，这不仅显著增加新业务的经济负担，也不利于未来无线业务的可持续发展；更有甚者，有的业务占用非授权频段，这导致非授权频段业务种类繁多，负担过重，业务间彼此干扰和冲突在所难免。以4G为例，权威预测表明，到2020年在两家运营商的情况下，4G的频谱需求是1600兆赫，中国除去已规划用于2G与3G的共525兆赫频率外，尚有约1吉赫的频率缺口。又如物联网，以其信息交互与传输以无线为主的特点，注定使之成为频谱需求的大户。根据ITU-R M.2072报告，当物联网通信量达到4G总通信量的50%时，物联网对频谱的需求在三个运营商情况下为990兆赫；当物联网通信量约达到总通信量的80%时，物联网对频谱的需求在三个运营商情况下为1.5吉赫，成为频谱资源面临的新严峻挑战。

此外，在空间卫星频率方面，在轨空间卫星上千颗，给空间卫星频谱资源的有序使用带来巨大挑战。在军事用频方面，军队空间预警系统、宽带数据链、战术互联网等用频装备需求越来越大；军事装备间传输的信息也从原来的话音、文字、数据等信息向图像、视频等信息发展，频带越来越宽；同时，以雷达为代表的电子装备要求有更高的精度和抗干扰能力，也要求有更多的频谱资源。由此可见，频谱资源有限与频谱需求激增的矛盾限制了无线电新业务的发展，制约网络空间的发展，为国民经济发展和国家安全带来重大影响。

100亿光年以外的电磁信号

虽然无线通信重新定义了人们的生活，但电磁波对当今世界的影响却远远不止于此。今天我们动动手指就能导航的简单操作，却是电磁波最复杂的应用；我们打开电视就能观看来自全球的直播，是3.6

电磁波的"大家族"——电磁频谱

万千米外几百颗卫星配合的结果；演播室主播与外景主持人对话的背后，电磁波已在宇宙和地球之间穿行了 7.2 万千米，而超越光速极限所产生的那零点几秒的延时，是无数伟大科学家终其一生都没见到的奇迹。

不管全球局势如何动荡不安，但幸运的是，我们头顶的星空依然还存在。它从人类诞生那一刻开始，就一直注视着我们。天文学家甚至在近日发现了来自深空的神秘电磁信号，每 157 次重复一个周期。虽然《三体》提醒我们：不要回答！但人类对于星辰大海的向往与好奇，永远可以胜过理智。

所以，诸如此类的电磁信号究竟是不是地外生命扔的"漂流瓶"呢？

抛开脑洞大开的各种可能，它更可能只是一件"值得研究的科学事件"，和地外生命的关联并没有那么大。

为了能够"看"到更远的星星，天文科学家发明了靠反射电磁波来观测宇宙的射电望远镜。它大多需要一个抛物面，用来将宇宙中投射来的电磁波到公共焦点，所以长得很像一口锅。

大家都知道，在贵州山区就有这么一口大"锅"，它就是中国天眼（FAST），世界上最大单口径、最灵敏的射电望远镜。它可以探索到接近宇宙边缘（137 亿光年以外）的电磁信号，每天观测产生的数据就高达 50 太字节，这还是经过压缩以后的数据量。天文观测所带来的这些"天文数字"，意味着对它们进行处理需要花费巨大的人力、算力成本，如何处理采集到的海量数据，无疑是摆在天文学家面前的棘手问题。

不过，FAST 似乎从来都没有表露过存在这方面的困难。那么，它究竟是如何做到的？

如果你回过头看看 FAST 完工后的相关新闻，你会发现一桩有趣的合作——早在 2016 年，中国科学院国家天文台就实现了中国虚拟天文台上云。这一项目的意义有多大？毫不夸张地说，它将中国天文研究的进度"推了一把"。

中国天眼

其实，作为一门由数据驱动的科学，天文学在大数据、人工智能等应用领域，绝对称得上一门足够"潮"的科学。在深度学习还没"火"起来的20多年前，国家天文台就已经开始利用深度学习来进行太阳黑子的活动预测了。不过，基于深度学习的特性，需要大量数据训练，同样对于强大算力也有着迫切需求，以往只能采用大型实体超算来进行，但这样做成本巨大，运算效果却未必理想。

借助自主研发的飞天超大规模通用计算操作系统，得以将百万级服务器连接成一台"超算"，利用其提供的算力进行数据处理，效率能够提高20多倍。原来需要花费7天才能处理完的量，如今只需花费8小时；数据产品生成周期也缩短至1/9，从以前的180天缩短到了20天。

电磁波的"大家族"——电磁频谱

  与此同时,深度学习所依赖的大量数据如何传送也是一大难事。在研究机构尚未采用云计算技术时,如果有传送数据的需求,就只能靠天文研究人员背着硬盘"人肉搬运"。但在中国虚拟天文台上云项目完成以后,无论是数据处理、传输,还是存储、分享,种种难题都如同快刀斩乱麻一般轻松解决。

  更有趣的是,天文台还以云计算为基础打造了"全球天文资源平台"。里面包含郭守敬望远镜在内的10亿个天体数据,还包括FAST的部分数据。在未来,将有更多天文观测数据开放给公众共享。

令人向往的电磁波

  无论你是天文学家还是普通的天文爱好者,都可以利用云端平台访问相关天文数据。这样能够让研究领域不再存在障碍,让数据也不再"沉睡"在各大研究机构的设备中,能够面向全社会,展现出更大的研究价值。

郭守敬望远镜

尽管天文数据的价值往往体现在天文研究中，但在这一过程中，从来都不缺少意外惊喜。正如同人类在进行天文探索时获得的这些"副产品"一样：澳大利亚天文学家约翰·奥萨立文发明了大家的第二生命——Wi-Fi，为了更方便地进行大地测量、遥感和雷达；英国天文学家同时也是诺贝尔奖获得者的马蒂莱尔发明了综合孔径成像，这个技术也被利用到了医学上，就是咱们常见的核磁共振和发射端侧扫描。

无独有偶，由于数据量大，相似图片多，天文数据还能够训练出精度更高的图像识别算法；除此之外，海量的天文数据还能"锻炼"云计算平台的数据处理能力，这些技术成果最终又被反哺给全社会，进入我们的日常生活。在5G之后，用可见光和激光等更短的波来通信是大势所趋。目前，NASA和欧洲航天局正在探索用激光来代替无线电进行星际通信。也许在不久的将来人类前往火星时，地球与火星间的主要数据链路就是以激光为基础的。

也许在未来的某一天，你会发现，由于交通系统大数据处理能力的增强，上班突然不堵车了；图像识别技术的改进，让你能够在电商平台上更快地找到心仪的商品。就连你的孩子也突然迷上了天文学，开始去研究恒星的形成、星系的演化，心里装下了整个宇宙……而这一切，可能仅仅只是100万光年以外的一道电磁波所带来的改变，看似微小，却影响深远。

热闹的无声世界
——电磁环境

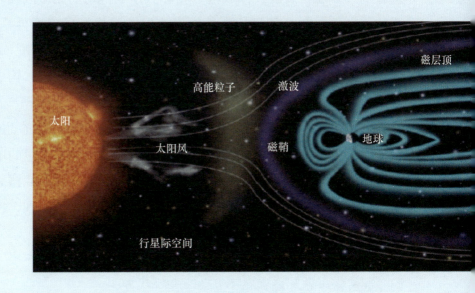

复杂电磁环境组成

如果我们打开百度来搜索网络上对电磁环境的定义，则能够看到如下定义：存在于给定场所的所有电磁现象的总称。电磁环境由空间、时间和频谱三个要素构成，可以简单地理解成电磁场现象，即环境中普遍存在的电磁感应和干扰现象。复杂电磁环境主要是指信息化战场上，在交战双方激烈对抗条件下所产生的多类型、全频谱、高密度的电磁辐射信号，以及己方大量使用电子设备引起的相互影响和干扰，从而造成在时域上突发多变、空域上纵横交错、频域上拥挤重叠，严重影响武器装备效能、作战指挥和部队作战行动的无形战场环境，如图所示。随着如今信息化变革的飞速发展，战场环境不再是海、陆、空、天的四维战场，随着各种电子信息系统释放的高密度、高强度、多频谱的电磁波，电磁空间也成为一个重要的战场空间，构成了日益复杂的电磁环境。

构成复杂电磁环境的主要因素有敌我双方的电子对抗、各种武器装备所释放的电磁波、民用电磁设备的辐射、自然界产生的电磁现象以及中立方电磁辐射源发出的电磁波，再加上高能微波武器等定向能武器和电磁脉冲弹以及超带宽、强电磁辐射干扰机的出现，使战场的电磁环境越来越复杂。

那么到底是什么原因导致当前电磁环境复杂多变呢？接下来让我们一起解密电磁环境到底"复杂"在哪些方面。

热闹的无声世界——电磁环境

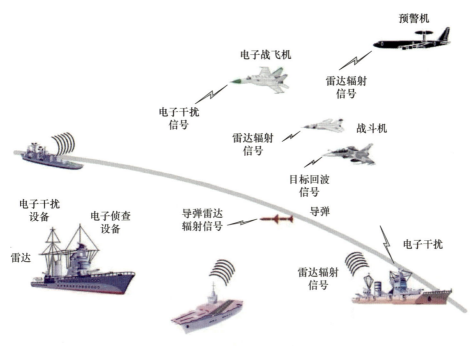

复杂的战场电磁环境

（1）种类上的多样性。

由复杂电磁环境的定义可以看出，构成复杂电磁环境的因素包括敌、我双方进行有意对抗干扰时释放的电磁波及电子设备产生的电磁能量、无源干扰、民用电磁辐射以及自然产生的电磁现象等。

（2）信号形式多样性。

随着电子信息技术的飞速发展，在各种新体制雷达、通信等电子设备上使用了更加复杂的信号形式。目前，世界上的通信信号多达100种以上。各种复杂信号的使用增加了电磁环境的复杂性。

（3）空间上的交织性。

在敌、我双方相互争夺和使用的电磁空间里，双方的电磁信号相互交织在一起。这种交织性是由电磁频谱独特的物理特性所形成的。主要表现在电磁活动在空域上的纵横交错、时域上的连续交错、频域上的密集重叠和能域上的强弱参差。

（4）频谱宽广重叠。

由于电子信息技术的飞速发展和电子信息装备的大量使用，战场上电磁信号所占的频谱越来越宽，几乎覆盖了全部电磁信号频段。

（5）能量密度不均。

电磁波在空间传播过程中受到各种传播因素的影响，以及作战双方电磁攻击目标位置的不同，使得战场空间电磁能量很不均匀，在有些地方能量集中，而在有些地方能量分散。

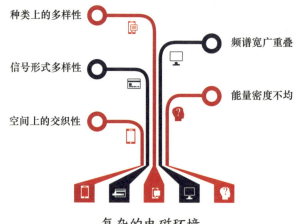

复杂的电磁环境

那么"复杂电磁环境"这一概念到底是在什么时候提出来的呢？我们通过翻阅大量的文献资料，了解到这一概念是在研究电磁环境时提出来的，最早在研究人体和天线受电磁环境影响时，由于电磁信号的种类繁多，对用频装备和设备的作用难以计算，科研人员提出了复杂电磁环境这一概念。在军事领域中，美军对其定位为：战场电磁环境是军队、系统或者平台在指定作战环境中执行作战任务时可能遇到的，在不同频段辐射或传导条件下的电磁发射体功率与时间分布的综合作用结果。它是电磁干扰、电磁脉冲、电磁辐射对人员、军械与挥发性材料危害的总和。根据美军标电磁环境效应标准 MIL-STD-464C《系统电磁环境效应要求》的描述，在美军对电磁环境的理解为其主要由系统内电磁环境、外部射频电磁环境和雷达/静电放电/电磁脉冲/

高功率微波的电磁环境构成。

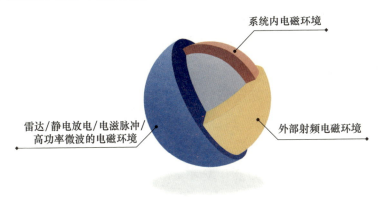

不同条件下的电磁环境（美军）

随着现代化战争的日益深入，各作战部队大规模升级自身信息化作战水平，各种类型的以电磁通信为载体的设备先后大规模应用，这使得战场电磁环境变得日趋复杂。资料显示，在目前世界上的通信信号种类多达 100 种以上，各种复杂信号的使用更进一步增加了电磁环境的复杂性。在了解了美军对电磁环境的理解以后，我们不禁好奇我国对电磁环境的理解又是怎样的呢？我国在国军标中给出了复杂电磁环境的定义：复杂电磁环境是指在一定的空域、时域、频域和功率域上，多种电磁信号同时存在，对武器装备运用和作战行动产生一定影响的电磁环境。

电磁信号域划分图示

根据以上定义，复杂电磁环境的主要组成为交战双方在对抗过程中武器装备作战时产生的电磁信号。接下来让我们继续分析电磁信号的重要组成。电磁信号存在于人类生活的方方面面，其中包含信号的时间域、空间域、频率域、能量域、调制域、极化域和相位域等。我国对复杂电磁环境的研究起步较晚，但是自1995年将"复杂电磁环境"作为主题词提出以来，到目前为止，已经对其进行了大量的研究，并且取得了显著成果。根据不完全统计，到2015年年底国内以含有"复杂电磁环境"为题目的公开发表文章已接近630余篇，其中研究的方面涵盖复杂电磁环境的定义、复杂度评估分析、对武器及装备系统的电磁效应影响等多方面的内容。

复杂电磁环境作为一种模糊的、相对的电磁环境特征，其在国内的研究经历了数十年的发展，定义到目前已经趋于完善，但是随着电磁环境复杂情况的改变，其定义也会随之发生改变。信息化时代带来的空间电磁环境的日趋复杂，电磁信号相互干扰，决定了复杂电磁环境的研究是个难以绕开的领域，以目前对复杂电磁环境的研究平稳发展的势头来看，复杂电磁环境的研究势必成为电磁研究的一个重点方向。

电磁信号环境基础特性

在人类生产生活中电磁信号无处不在并被广泛应用，这充分说明电磁信号能够为人类创造巨大的财富，由此可见了解电磁信号环境的基础特性是十分必要的。回顾电磁信号的发展历史，在 1831 年的时候英国物理学家法拉第就在总结前人优秀成果的基础上，创造性地提出了电磁感应定律，并认为电和磁是能够相互转换的。继法拉第之后，麦克斯韦又于 1864 年在电灯都还没有被发明的情况下，提出了麦克斯韦方程组。而由于法拉第与麦克斯韦发现的电磁理论，一直没能通过科学实验的证明，在很长的一段时间内，人类一直将该理论停留在预想阶段。而后续德国的天才物理学家赫兹通过实践，将这种预想进行了验证，1886 年赫兹在做一个放电实验的时候非常意外地发现了电磁共振现象，在此之后他利用未闭合的电路产生了电磁波，并利用未闭合的线圈探测到了电磁波。这一发现让他激动不已，后续他又通过实验测量得到了电磁波的波长、频率以及速度，数值与麦克斯韦在方程组中的推算完全一致。经过这一系列实验验证，更加证实了电磁波的存在，从此电磁波开始被人们所了解，并通过不断挖掘其特性来为人类的生产生活带来便利。

在我们身边充斥着很多信号小伙伴，正是因为它们的存在才构成了复杂多变的电磁信号环境。那么电磁信号环境由哪些元素组成又具有哪些基础特性呢？电磁环境的定义是指在一定的战场空间中，由在时域、空域、频域、能量域等上分布的大量、复杂、多源、异构的电磁信号构成的电磁环境。从电磁环境的定义中能够发现，复杂的电磁环境是战场中电磁环境复杂化在不同域内的一种表现形式。通过科研工作者的大量经验总结，电磁信号环境主要具有以下三大特性。

赫兹的电磁波实验

电磁信号环境具有复杂性
武器用频装备会对周围的电磁信号环境产生十分明显的影响，所以说电磁信号会呈现出密集、种类繁杂等特点

空间中电磁信号具有多样性
种类繁多的作战平台激发出复杂多变的电磁波，让大量的电磁波构成了"多姿多彩"的电磁信号环境

电磁信号环境具有瞬变性
不同的用频装备能够辐射出不同的信号特性，这些信号在时间域上进行交叠能够形成更为复杂多变的电磁信号环境，随时间变化明显

电磁信号环境的三大特征

（1）电磁信号环境具有复杂性。由于在实际的作战空间中电磁信号种类多样，瞬时多变，并且在敌我双方激烈作战的时候，武器用频装备会对周围的电磁信号环境产生十分明显的影响，所以说电磁信号会呈现出密集、种类繁杂等特点。

（2）空间中电磁信号具有多样性。在战场环境中，具有陆海空天等多个作战平台，正是这样种类繁多的作战平台激发出复杂多变的电磁波，让大量的电磁波构成了"多姿多彩"的电磁信号环境。在战场中空域上的某一点，该点的电磁信号辐射构成既包含军用的电磁辐射信号，还包含民用以及自然的电磁辐射信号。

（3）电磁信号环境具有瞬变性。武器用频装备在电磁环境中大量存在，不同的用频装备能够辐射出不同的信号特性，这些信号在时间域上进行交叠能够形成更为复杂多变的电磁信号环境，随时间变化明显。

电磁环境在实际生产生活中是看不见也摸不着的，但它又是真实存在的，为了能够加深对电磁环境的深刻认识，让电磁环境信号能够更好地服务于实际生活，需要科研工作人员不断加深对其认知。科研人员设计了多种仪器感知设备来监测电磁信号环境，来观测电磁信号环境的时域、频域、空域、能量域等不同域内的电磁环境特性。

电波传播环境基础特性

在无线电系统的传播过程中是通过电磁波的传播来传递信息的,但是当无线电波在空间场所进行传播的时候,电磁波会在这个空间中进行反射、折射、绕射、散射和吸收等,所以这个空间场所会对当前传送的电磁波产生一定的影响。基于此,在研究电波传播问题的时候,十分有必要弄清楚当前无线电波在传输的过程中会经历到的电磁环境。一般情况下,无线电波是在大气介质中传播的,当然也有在水下和地下传播的,所以一定要弄清楚在传播环境中大气以及地面、水面的环境参数,掌握当前环境的规律和特性,通过对电波环境进行建模,能够对无线电波的传播进行分析、计算及研究。对于雷达、通信而言,对它们影响最大的电波传播环境主要是距离地面几千千米的高度以下的近地空间,但是如果想要了解和研究近地空间的基础特性就必须和日地空间的环境一同研究整体关联性。

电波环境一般指的是在人类生产生活中使用无线电波传输信息的空、地域,包括从地下–地面–低层大气–中层大气–电离层–深空间的整个人类赖以生存的环境。将整个地球的高层大气划分成若干层,根据大气中不同的物理要素进行分类,能够有不一样的划分方式。如果按照大气的热状态来划分,可以将大气分为对流层、平流层、中层、热层和外层;如果按照大气中的成分划分,能够分为均匀层和不均匀层;按照大气层中的电离状态划分,可以分为电离层和非电离层,其中电离层中又包含 D、E、F 层。

热闹的无声世界——电磁环境

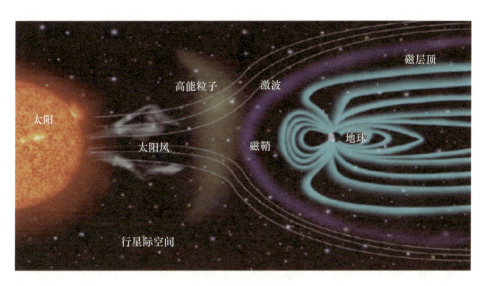

太阳空间

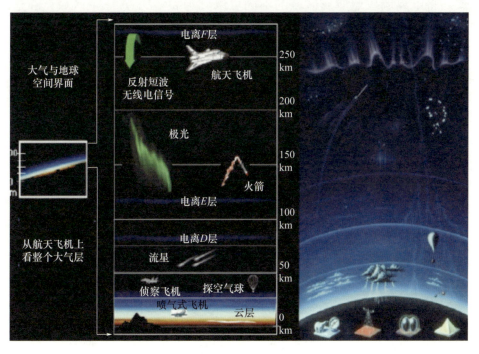

近地空间

将电波环境按照大气中垂直分布与无线电波传播特性有显著影响的区域进行划分，可以将电波环境分为对流层、平流层、电离层和磁层。接下来对这几种主要的划分区域展开介绍。首先是对流层区域，这片区域指的是最贴近地面的一层大气，由于地面能够吸收大量的太阳能量，所以可以将吸收到的光能转化成热能，这一转换就会导致电磁波在从地面向大气底层传输的时候会发生十分强烈的对流现象，对流现象导致的大气折射率会严重影响到雷达装备的无线电波传播。平流层区域对应的是电离层的顶部到平流层顶的这一段空间，平流层顶大概在50千米，这片区域内的水蒸气和尘埃的含量都很少，所以该区域较为透明，大气在该层中的运动多为尺度较大的平流运动，综合来看该层对以平流层为平台的雷达系统的定点稳定性影响较大，但是对雷达系统发射的无线电波影响较小。电离层区域对应的是60～100千米以上的高层大气，在太阳辐射的影响下大气中的物质会发生电离现象。将电离层按照所属区域的不同可以分为D、E、F三个区域，在这三个区域中会有明显的日、季、年和太阳活动周期的规则变化和由于太阳辐射突变引起的随机的不规则变化。磁层指的是在背景太阳风和基本地球磁场的相互作用下会形成一个空穴，这个空穴是由于太阳风被排斥而地球磁场又被太阳风压迫导致形成一个类似彗星头尾的区域。

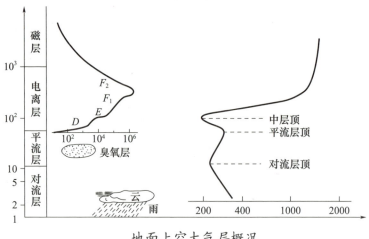

地面上空大气层概况

按照无线电波的波长，能够将电波分为长波、中波、短波、超短波和微波等，在不同的波段，电磁波的传播特性不同。分析电波传播特性的基本方法是构建电波传播的几何模型，其基本特性为反射、散射、直射、绕射等。

附图示出无线电波的传播特性，其中图中1指的是表面波传播，是电波绕着地球表面到达接收点的传播方式，电波在地球表面上传播，通过绕射的方式达到视线范围之外的地方。在此过程中，地面对表面波有一定的吸收作用。图中2指的是天波传播，是自发射天线发出的电磁波，高空被电离层反射回来到达接收点的传播方式。图中4为散射传播，图中5为外层空间传播。

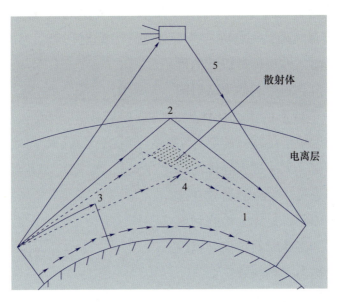

无线电波的传播特性

电磁波传播特性

在无线通信的过程中,无线通信电磁波的传播特性与无线通信密切相关,主要包含趋肤效应、自由空间损耗、吸收及反射特性。接下来对电磁波的这几种传播特性展开介绍,首先是趋肤效应。射频信号的存在方式有两种,一种是存于导体之中,此时射频信号只能够存在于导体的表面,另一种是以波的形式存在于自由空间中。如果将射频信号放入一个球形的实心导体上,那么此时的射频信号就只能够存在于导体的表面,无法进入导体的内部,此时如果将一个检测器放在这个球形导体内部,是无法检测到该射频信号的,将此时射频信号呈现出来的特性称为"趋肤效应"。

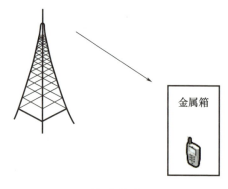

趋肤效应

当射频信号脱离导体边界自由飞翔在自由空间的时候会形成电磁波,在此过程中电磁波会在自由空间中损耗,而电磁波的损耗与平时电路传播中的损耗是不同的。以光的传播为例,当打开手电筒的开关以后,发射出来的灯光会在空间中进行传播和发散,如果在手电筒前用手指圈个小圈,那么几乎所有的灯光都会从小圈穿出去,但当我们将手电筒远离小圈以后,有很多光线就不会从小圈中穿出,依此类推,将这个小圈等价于接收机,对于接收机而言,灯源等价于能够接收到的信号，接收机离发射端越远，接收到的信号信息也就越少，这是因为在传输过程中能量向其他方向损耗了。这就是自由空间损耗的概念。

手电筒和接收机

电磁波除了在自然空间中传输时会出现损耗之外，在其传播过程中只要受到其余东西干扰都会使射频信号发生变化，主要有两种形式的变化，一种是使得电磁波的传播方向发生改变，另一种是降低了电磁波的能量。

电磁波的传播

在电磁波信号的传输过程中，自由空间中存在的很多物体都会导致射频信号的能量降低，那么信号损失的能量去了哪里呢？科学家们经过不断的实验发现消失的电磁波能量已经被物体吸收变成了热量，被信号辐射到的物体的温度会上升，基于电磁信号的这一吸收特性设计了微波炉来方便人类的生产生活。当电磁波在传输过程中，遇到能够改变其传播方向的障碍物，这种传播方向的改变被称为反射，有两大因素对反射产生影响，分别是电磁波信号的发射频率以及产生反射线上的物体的材料。

电磁环境演进史

本节回顾电磁环境在人类历史长河中的发展，国外从无线电设备开始使用以来，就十分重视对电磁环境的认知和研究。但在过去很长的一段时间里面，科研人员对特定电磁环境的描述通常是一般性的，很难将电磁环境具有的特性进行定量化的描述。为了能够深入系统地对电磁环境进行了解，成立了电磁兼容学会（IEEE EMC Society），这个组织一直致力于发展和发布有关降低电磁干扰的技术和工具的相关信息，它的下属技术委员会还进行了长期的持续性研究，并收集和整理了大量与电磁环境有关的出版物。基于对这些内容的研究，它们提出了一个实际的分类方法，这种方法主要是通过电磁现象及其特性的描述，来对区域进行分类。

美国在20世纪90年代初，就开展了针对电磁环境的研究，当时的美国国防部将电磁环境定义为："军队、系统或平台在特定工作环境中执行任务时可能遇到的各种频率范围内电磁辐射或传导辐射的功率和时间的分布情况。"

电磁环境认知演进历程主要分为自然发展阶段、人为干预阶段、人为主导阶段和博弈对抗阶段。其中，自然发展阶段从第二次工业革命前开始发展，主要包含雷电、太阳活动和银河系噪声的自然电磁环境；人为干预阶段发生在第二次工业革命后，该阶段发现电磁波、无线电广播和无线电通信，构成了相应的无线电波传播；人为主导阶段发生在第一次世界大战以后，主要涉及通信、雷达、无线电导航和电子侦查/干扰的电磁信号环境；博弈对抗阶段在海湾战争开始发展至今，涵盖了认知通信、敏捷电子战、相控阵预警机和综合射频等武器装备，在该阶段人们开始主动利用并改变电磁环境。

进入信息化时代，随着人类对电磁波利用水平的不断提高，通信、雷达、导航、空管等类业务，从自身角度不断创新利用电磁波属性，导致电磁环境特征不断变化，使其应用频段在不断扩宽、使用维度不断增加，利用方式也在不断丰富，如图所示。目前，电磁环境正在逐渐演变为复杂、动态的高维系统，难以全面认知，导致情况不明。通信、雷达、测控、导航等各类电磁信号相互交叠，呈指数级增长，电磁环境逐渐演变成由多主体、多要素、多变量构成的高维系统，急需发展全新的理论和方法重新认知电磁环境。

国内国外对电磁环境的认知发展历程演变十分丰富，对于复杂电磁环境，美军十分重视武器装备的电磁环境试验，并在电磁环境试验过程中，形成了国防部指令（DoDD）、国防部指示（DoDI）、标准（MIL-STD）和文件等系列内容。而我国近几年也开始意识到电磁环境的重要性，提出了电磁环境"分层"认知模型，即分别为：基本属性层、物理空间层、波动形态层、信号波形层、指纹特征层、基础数据层、信息应用层。每个层里都包含了一类物理参数，分别覆盖了现有"六域"模型相关的物理量。

虽然我国在电磁环境的研究上取得了较快的进展，但受资料、实验设备、场地等条件所限，许多与大型武器系统相关的电磁环境影响效能分析实验尚处于探索阶段。而随着我国对国防基础建设的大力发展，由电磁环境演变进化而来的战场电磁环境也已经被科研工作者所重视，战场电磁环境已经成为决定未来信息化战争成败的关键要素。

随着现代化社会的飞速发展，电磁环境的认知也在不断改变，在未来谁能掌握电磁环境，那么就好比掌握了魔法，能够实时监测当前环境的动态发展变化，所以我国要继续钻研电磁环境相关理论研究，制定电磁环境发展的新规划和新征程，共同推动我国电磁环境领域事业的蓬勃进步。

电磁频谱管理：无形世界的守护者

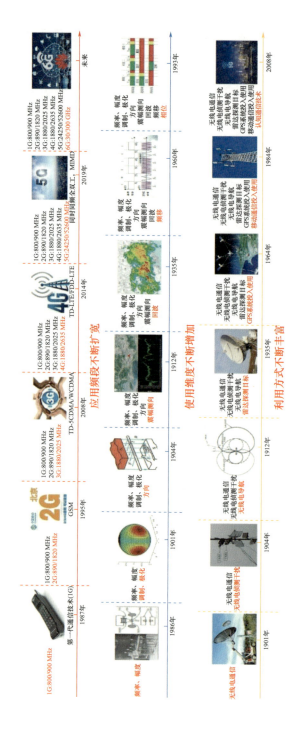

电磁波的利用水平不断提高

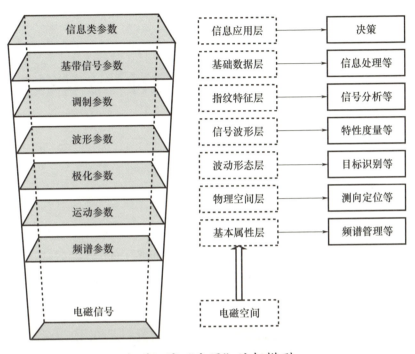

电磁环境"分层"认知模型

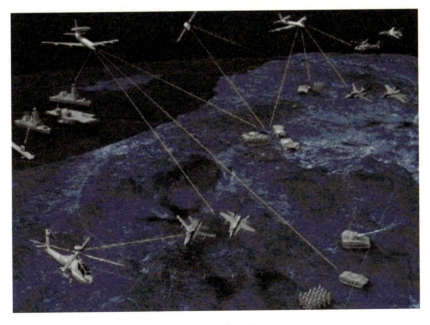

战场电磁环境

浸在电磁环境里是种什么体验？

电磁环境效应这一词语是通过电磁环境一步步演变过来的，指的是电磁环境对电子信息系统影响的统称。回看电磁环境效应的研究历史，最先开展相关技术研究的是美军，也正因如此其对电磁环境效应领域的研究也更为系统和连贯。对电磁环境效应进行追本溯源的时候，现阶段追溯到的最早的有关这个词的概念的资料是在1978年美国的海军国防报告中，在该报告中将电磁环境效应定义为："在共存的作战系统中，与电磁辐射体和收集体有关的总体现象。"在此之后，美军方面对该词多次重新定义，在2008年颁布的《国防部军用术语词典》中对电磁环境效应的定义越来越具有一致性："电磁环境对于军队、设备、系统和平台作战能力所产生的影响。它涵盖了所有电磁学科，包括电磁兼容性、电磁干扰、电磁易损性、电磁脉冲、电子防护，电磁辐射对于人员、军械和挥发性材料的危害，以及闪电和沉积静电自然现象效应。"

近年来，受到美军对电磁环境效应研究的影响，我国方面也越来越重视在实际作战中电磁环境效应对战场带来的影响。在国军标GJB72A-2002和国军标GJB1389A-2005中，对电磁环境效应的定义为："电磁环境对电气电子系统、设备、装置的运行能力的影响。它涵盖所有的电磁学科，包括电磁兼容性、电磁干扰，电磁易损性、电磁脉冲、电子对抗、电磁辐射对武器装备和易挥发物质的危害，以及雷电和沉积静电等自然效应。"在国军标GJB6130-2007中对电磁环境效应的定义为:"构成电磁环境的电磁辐射源通过电磁场获得电磁波对装备或生物体的作用效果。"

美军眼中的电磁环境效应

综合来看,无论是美军还是我国随着对电磁环境效应理解的不断加深,对其定义也是随之更新。从对电磁环境效应定义的理解分析来看,美军的定义面向电磁环境对军队、设备、系统和平台作战能力产生的影响,而我国的定义指的是电磁环境对电气电子系统、设备、装置运行能力产生的影响。通过将美军与我国进行对比能够发现,美军不是单纯局限于具体的系统、设备或平台,而是聚焦于衡量整个军队的作战能力,而我国对电磁环境效应的理解不够全面,还不能够对整个战场环境具有一个较为全面的分析判断。

电磁环境效应其实本质上指的就是电磁环境对军事作战行动过程中,所有与电磁力量有关的要素相互作用和对军事行动影响的结果。从技术的角度来看,电磁环境效应面向所有电磁学科,其面向电磁兼容、电磁干扰、电磁脉冲、电子对抗等领域对武器用频装备的影响以及雷电和沉积静电的自然效应;从军事应用角度看,电磁环境效应不仅面向武器用频装备的发展战略,还会对军事行动的方法决策产生一定影响。

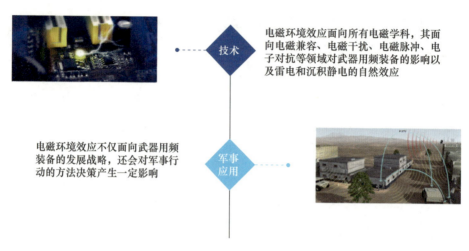

电磁环境效应的应用

研究战场复杂电磁环境的本质是研究电磁环境的效应问题,其目的是能够获取电磁权,从而在信息化战争服务中占据强有力的话语权。通过对美国等发达国家在电磁环境效应领域方面的研究理论及成果进行分析,能够在很大程度上对我国电磁环境效应理论研究提供强有力的帮助,在信息化战场中,谁能够准确把握电磁环境效应概念内涵及理论知识,就意味着谁能够最大限度地取得战争的胜利。

给电磁波套上规则的紧箍咒
——电磁频谱管理

电磁频谱管理的由来

电磁频谱管理的起源

电磁频谱无形无影,为什么需要管理?简单总结一下:始于干扰,陷于纠纷,合于协调,终于管理。19世纪西欧与北美因工业革命促成的技术与经济上的进步,使得无线电产品的使用量激增。同一个频段,你用,我也用,难免就产生了电磁干扰,因此从解决干扰问题开始,电磁频谱资源便走上了被管理的正规道路。最初称得上电磁频谱管理的,要追溯到20世纪初,国际电报联盟于1906年召开了第一次国际无线电电报大会,签订了《国际无线电报公约》,将当时使用的1兆赫以下频率划分为水上公众通信频段、陆海军电台频段和海岸电台频段。出于科学的预见,避免更多的相互干扰,1918年,英国成立了无线电报委员会,协调处理无线电干扰问题。1927年,美国成立了联邦无线电委员会,负责管理频段划分、频率指配和电台执照核发。1932年,70多个国家在西班牙马德里召开会议,签署了《国际电信公约》,成立了国际电信联盟(International Telecommunication Union),简称国际电联(ITU)。《无线电规则》作为《国际电信公约》的附件,第一次将世界按区域进行了频率划分。

电磁频谱管理的第一个阶段,各国解决自家的问题。各国政府先后成立了自己的无线电管理机构,对本国范围内的频率使用进行管理。

给电磁波套上规则的紧箍咒——电磁频谱管理

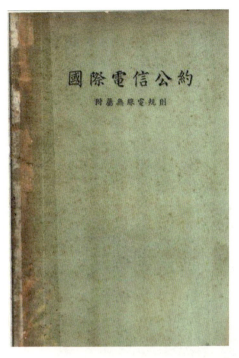
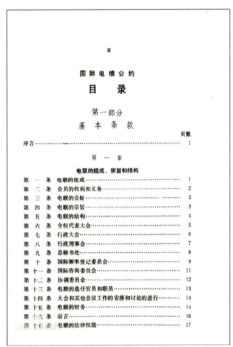

早期的国际电信公约

第二个阶段，开始解决国际频率使用问题。1947年，国际电联成立了国际频率登记委员会，建立了国际频率登记表，对跨国的频率使用及对其他国家有影响的频率使用实行登记管理的方法。1959年，国际电联在日内瓦召开的世界无线电行政大会上首次将空间无线电业务的使用频段进行了划分。同时建立了由各成员国和志愿者参加的国际监测网，为国家电联提供各频段使用情况，合作查找国际无线电干扰源。

提到频谱管理，就不得不讲讲沿用至今并不断发展进步的国际无线电管理机构——国际电信联盟（ITU），作为各国政府间的电信合作组织，它已然成为联合国的一个重要专门机构，总部设在瑞士日内

ITU标志

瓦。随着不断地发展，国际电联主管的业务也更加全面和细致。国际电联除了主要负责协调各国政府电信主管部门之间电信方面的事务，包括国际频率划分、无线电频率分配、无线电频率指配及对卫星轨道资源的管理，避免和消除不同国家无线电台站之间的有害干扰，还要制定全球电信标准，向发展中国家提供电信援助，促进全球电信发展。目前，国际电联总部成员已由最初的 70 多个国家发展为包括 193 个成员国和 700 多个部门成员、部门准成员和学术成员的国际组织。

纪念 ITU 成立 100 年数字标志

ITU 瑞士日内瓦总部大楼

信息化世界的飞速发展让国际电联的地位和作用日益凸显，其组织结构在不断细化，组织结构分化出了电信标准化部门（ITU-T）、无线电通信部门（ITU-R）和电信发展部门（ITU-D），主要业务也随着新兴问题的产生而不断增加和细化，并定期和不定期地组织国际会议，就各类议题提出建议和商讨解决措施，出台一系列的ITU标准，定期出版刊物《电信》。

2019年世界无线电通信大会

ITU出版物及文件

电磁频谱管理：无形世界的守护者

2015年，因马航MH370飞机失踪事件以及亚航QZ8501失事等民航事故的触动，世界无线电通信大会上做出决定，将留出专用的频率给卫星系统，专门跟踪飞机航行线路，目的是弥补当时的飞机航行跟踪系统存在的缺陷，以及时发现飞行问题和增加事故搜救的机会。原因是当时的飞机跟踪系统主要依赖地面雷达，而全球70%左右的空域是地面雷达系统覆盖不到的，卫星系统则可以很好地覆盖。以此为契机，为进一步加强航空安全保障体系，完善民航运行信息监控网络，全面提升中国民航航空器全球追踪监控能力，我国民航局已明确：到2025年建设成具有自主知识产权的中国民航航空器追踪监控体系，强化对民航航空器安全管理与应急处置，推动以北斗为代表的国产装备在民航中的应用。

民航航空器追踪监控体系

ITU的宗旨始终是保持和发展国际合作，促各种电信业务的研发和合理使用，促使电信设施的更新和最有效的利用，提高电信服务的效率，增加利用率和尽可能达到大众化、普遍化。在此目标的指引下，联合世界人民一起同舟共济、共谋发展。

ITU 组织结构图

世界各国自己的无线电管理机构，则是主要依据本国制定的无线电管理法规，对本国范围内的频率使用和电台设置进行个性化的自治。

美国的无线电管理工作由国家电信信息管理局（NTIA）和联邦通信委员会（FCC）负责，NTIA 负责管理联邦政府机构（包括国防部）的频率使用；FCC 负责管理州政府、商业、业余无线电等非联邦政府用户的频率使用。英国的无线电管理工作由通信管理局（OFCOM）统一负责，主要进行无线电频率、电子通信网络和服务设施的管理。日本电气通信局电波部负责全国频率分配、电波监测和技术设施的整体规划。

英国无线电通信管理局（OFCOM）

我国的频谱管理历程

我国于 1920 年加入《国际无线电报公约》。中华人民共和国成立初期，没有统一的无线电管理机构，直至 1951 年 4 月，中共中央、国务院、中央军委在北京召开无线电控制和管理会议，决定成立天空控制组，对无线电实行军事管制，进行全国性电台登记。1959 年，中央广播事业局、邮电部和中国人民解放军通信兵部联合发布了《划分大中城市无线电收发信区域和选择电台场地暂行规定》，这是中华人民共和国的第一个无线电管理法规性文件。

1962 年，中央决定成立中央无线电管理委员会（简称中央无委）和各中央局无线电管理委员会（简称中央局无委）。中央无委在中共中央、国务院的直接领导下，统一管理无线电频率的划分和使用，审定无线电台的建设和布局，负责战时无线电管制。中央无委办事机构设在中国人民解放军通信兵部。1965 年中央无线电管理委员会颁布试行了《无线电频率管理规定》，制定了无线电频率划分表。1966 年各级无委工作因故中断，1971 年恢复。国务院、中央军委无线电管理委员会成为中国无线电管理委员会。

中国无线电管理委员会会徽

给电磁波套上规则的紧箍咒 —— 电磁频谱管理

无线电管理委员会成立50周年座谈会

1972年国际电联第27届行政理事会通过决议，恢复中华人民共和国在该组织的一切权利，中华人民共和国政府加入《国际电信公约》，并成为理事国之一。1984年，全国无线电管理委员会改称为国家无线电管理委员会（简称国家无委），同年，国家无线电监测计算总站成立，标志着无线电管理技术手段的建设走向正轨。1987年，改设到邮电部的国家无委办事机构开始负责处理全国的无线电管理工作，中国人民解放军无线电管理委员会正式成立，负责军事系统的无线电管理工作。

1992年国务院、中央军委联合颁布了《中华人民共和国无线电管理条例》，无线电管理进入了依法管理的新阶段。军地双方建立了协调机制，涉及军地双方有关频率重大问题上报国务院和中央军委决定。

《中华人民共和国无线电管理条例》2016修订版封面

为了争取国际上的话语权，1998年后，经我国政府推荐，赵厚麟先后两次当选国际电联电信标准化局局长，也是第一位非欧洲籍的局长。而且还两次当选国际电联副秘书长，改变了一直由西方发达国家人士形成电联领导层的格局。2014年10月23日，赵厚麟当选国际电联新一任秘书长，成为国际电信联盟150年历史上首位中国籍秘书长，也成为担任联合国专门机构主要负责人的第三位中国人，2015年1月1日正式上任，任期四年。2018年11月1日，赵厚麟高票连任国际电信联盟秘书长，2019年1月1日正式上任，任期四年。

国际电信联盟中国籍秘书长赵厚麟

赵厚麟担任国际电联标准化局局长以后，先后出访了许多国家，足迹遍及五大洲，所到的国家和地区，从总统到部长、从企业家到工程技术人员几乎都要谈到、问到甚至交口盛赞中国电信事业的发展。中国电信业的迅猛发展，也迅速提高了中国在国际电信业中的地位。有位日本友人托请赵厚麟在中国电信运营商中物色一位专家参加某一次会议。赵厚麟问他为什么非要请中国的专家参加会议不可，那位友人说："没有中国代表演讲的会议是不能称其为国际会议的！"听到这话，作为中国籍的国际电信联盟的高级官员赵厚麟感到由衷的喜悦。在国际会场中，类似这位日本友人见解的专家学者越来越多，这表明中国电信业的高速发展与世界紧紧连在一起。

电磁频谱管理之"权力的游戏"

虽然,国际《无线电规则》对全球适用频谱的各种业务进行了定义,并对各种业务的频段进行了划分,形成了"频率划分表",并且将世界分为三个区域进行频率划分,包括9千赫～275吉赫的全部可用频谱。国际电联也制定了《无线电规则》,定义了40多种无线电业务,要求世界各国在无线电开发、利用和管理方面遵守该国际条约。但是,众多的历史事件表明,无线通信网络的更新换代往往会改变无线通信领域的竞争格局,谁在该领域内技术创新方面抢得先机,谁就将获得制定业务标准、规范和架构的权利,从而尽享技术领先者的技术、市场和行业收益。

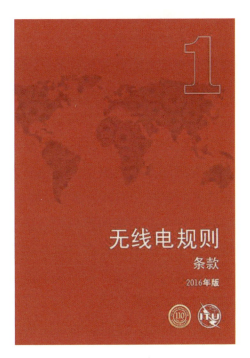

无线电规则

华为危机

随着频谱资源的日趋紧张,分配的竞争就日益激励,世界各国,谁掌握了频谱资源谁就掌握了核心竞争力。所以,这场"权力的游戏"

似乎只有一个去处……

华为危机，就是国人尽知的最典型案例。美国政府为了围堵扼制中国，不断加征关税，制裁中兴、华为等脊梁企业，同时削弱华裔科学家及其研究力量，而且还打着贸易平衡的幌子，暗戳戳地伤害中国科技的发展潜力，进而全面遏制中国整体的发展。在这些形形色色的遏制措施中，围困华为的行动尤其引人瞩目。彼时，不但谷歌、微软、ARM等企业"挥手再见"，IEEE、蓝牙、Wi-Fi联盟等国际组织也纷纷宣布取消或暂停华为的会员资格，联邦快递、陶氏化学这些产业链上的合作伙伴，一夜之间也都和华为分道扬镳；美国政府甚至还自掏腰包帮助其他电信运营商，明晃晃地替换掉了华为等中国企业生产的设备。

以一国之力制裁一家中国企业，这似乎已经远远超出了美国所遵从的安全担忧的范围。那么，美国究竟在担心什么呢？一系列博弈的背后，其实美国看重的是5G无线通信在大国竞争中的重大战略价值，他们看到了华为凭实力打出的"威胁牌"，于是反手就抛出了数张"霸权牌"。

争夺的根本原因与频谱资源的经济属性密不可分，在影响无线电行业发展的众多要素中，频谱资源是最最核心的资源，频谱规划是一切产业的起点，资源的多少决定着每个产业发展的格局。在全球5G发展的规划中，最基础性的环节就是频谱分配和牌照的发放，也是最关键的环节。电信运营商只有获得了可用频率和业务范围的许可，才会从运营端向产业端、应用端输送巨大的市场需求，这是产业链背后的根本利益驱动力。

众所周知，目前能够对通信产业具有较大影响的是中、美、欧三大阵营。

美国对频谱资源的管理，一直以来采用的是拍卖式的制度。在美国，此前的大部分6吉赫以下的低频段频谱并没有被开放为商用，这些频段需要重新进行频谱规划或者共享。而清除频谱占用、拍卖、直接分配或释放到民用部门所花费的时间大约要10年，共享频谱也要

移动通信发展

花费5年的时间，而且还将存在巨大的安全风险。所以，目前美国运营商和FCC只能紧盯着毫米波段频谱资源，将其作为国内5G的核心。而对于毫米波相关的应用研究又处于起步阶段，所以根据目前的形势，美国很难再像4G时代那样在频谱部署方面领先于世界其他国家了。

相较于美国，我国的频谱管理制度采用的是政府分配式的模式。我们在6吉赫以下的低频段还有较多可用的频谱资源。因此，我国对于毫米波的需求并没有欧美那么迫切。我们可以充分利用低频段资源，作为5G时代的首发商用频段，进而推动一系列产业的快速发展，如智能手机、电信设备、半导体、系统和应用服务等供应链，抢占市场先机。目前，我国已经通过一系列积极的投资和频谱分配举措，在5G发展方面处于领先地位。早在2018年12月，工业和信息化部就向三大运营商分配了500兆赫以上的5G频谱资源。最近，工业和信息化部又向四家运营商正式发放了5G商用牌照，广电一家就获得了700兆赫频谱资源。2019 年，各运营商新建基站超过 45 万个，年度投资超过 400 亿元。从通信设备供应的角度，我国的华为、中兴全球排名分别为第一和第四，合计占领了全球 40% 的市场。而且，华为已在全球 30 个国家获得了 46 个 5G 商用合同，5G 基站发货量超过 10 万个。华为在 5G 领域的基础技术专利占比全球第一，已具备从芯片、产品到系统组网全面领先的 5G 能力，是全球少数能够提供端到端 5G 商用解决方案的通信企业。这势必让中国在国际上拥有更多的话语权，又怎能让美国不心生忌惮？

中欧频率之争

20 世纪初，美国的 GPS 在导航领域占据重要地位，即使俄罗斯的格洛纳斯也无法与之竞争，后来，欧盟计划建造的伽利略系统的设计精度高于 GPS，并且可以与 GPS 兼容，伽利略的"公共管理服务"系统还试图使用与 GPS 相近的频率，竞争的味道极为强烈，所以伽利略计划被誉为对 GPS 最有力的挑战，没有之一。

当时，中国的北斗系统还处于开发阶段，虽然已经发布了北斗一号，但是当时的技术参数仍然比较落后，受到极力主张建立"多极化世界"的欧洲人邀请，中国就加入了伽利略计划，顺理成章地成了第一个非欧盟的参与国。

事与愿违，原本的预想和合作并没有持久下去，2005 年后，随着欧洲亲美政权的上台，欧洲航天局与美国好得不分彼此，之前拟定的相似频率也准备改正。中国遭到了排挤，不能参与计划决策，在技术合作上还被阻碍，所以中国明白了自力更生才能丰衣足食。2006 年中国对外宣布，将开发自己的全球卫星导航和定位系统。北斗二号的发布，精度和技术上超过伽利略，也让美国感到了紧迫感。美国和俄罗斯也加快技术更新，精度上也反超了伽利略。由于欧洲国家的各种内斗，导致伽利略计划进展缓慢，失去了竞争力。

中国是在 2000 年 4 月 17 日为北斗卫星系统申报了频率资源，而欧洲是在之后的 2000 年 6 月 5 日也提出了申请。根据《无线电规则》规定：

卫星通信系统

（1）先申报就可优先使用。按照国际规则向 ITU 申报所需要的卫星频率和轨道资源，按照申报的顺序确立优先级，后申报的要确保不对先申报的造成干扰。

（2）卫星频率和轨道资源在登记后的 7 年内，必须发射卫星启用所申报的资源。

（3）频率撞了可以协商。

2007 年 4 月 17 日，是北斗系统申报频率资源的最后期限，所以在此之前完成发射以及占领频率资源极为重要。

2007 年 4 月 14 日，中国发射了北斗试验星。4 月 15 日，卫星实现变轨，4 月 17 日 20 点发出第一组信号，在距离 7 年之限仅剩下 4 小时的时间，中国启用了申请的该频率资源。中国在申报的 7 年内发布卫星并启用了频段，按照先到先得的原则，一点不违规。

2009 年，中国和欧盟航天部门就频率之争展开了第二轮谈判，欧盟称自己早已按照该频率设计自己的卫星系统，让北斗二号改用其他频率。中国坚持先到先得的国际原则，寸步不让。

中国和欧盟频率谈判的问题主要集中在于伽利略系统为安全机关以及紧急救灾部门预留的专用频段上。中国坚持：除非中国事先同意，否则"伽利略"常规公共服务信号便无法用于军事目的。

2015年1月12日至16日，中欧就频率之争进行了第四次磋商，最终欧洲接受了中国提出的频率共用的理念，在国际电联框架下完成卫星导航频率协调，共用频段。北斗和伽利略共用的频段主要是民用用途，根据先用先得的国际原则，中国具有频率优先权。

类似种种的权力的斗争还有许多并且未来可能还会继续，争夺"无形霸权"，美国国防部在2020年10月29日发布了重要战略——《国防部电磁频谱优势战略》，为美国军方在未来掌握全球电磁频谱的技术优势和行动的主导权设立了原则、目标和行动纲领。这个战略不仅是针对军用电子设备和电磁频谱使用的，而且覆盖了民用无线设备的发展规划，必将对全球民用无线设备产业造成巨大影响。文中不指名地处处提到了"对等大国竞争"，但很明显，它指的就是中俄。

卫星导航频率磋商

机遇与挑战并存
——我国电磁频谱管理面临的国际形势

信息改变了人们的工作、生活方式，也改变了世界利益格局和竞争态势，无线电频谱资源的"争夺"日趋热烈，谁能够对无线电频谱资源开发的充分，管理与利用得更加科学有效，谁就能够在国际范围的竞争中取得优势地位。由于无线电频谱的管理涉及很多方面，不仅有频率的划分、分配和设置无线电台的频率指配等问题，还有无线电设备的研制、生产和销售等问题，既有行政管理问题，又有技术问题。

1. 健全的管理机制的较量

很多欧美国家无线电管理部门详细规定了频率划分政策，指定频谱使用规则。例如，美国联邦通信委员会（FCC）就颁布实施了通信管理条例共一百余个部分，详细规定了各频段资源可用于进行的无线业务，并详细规定了相对应设备的技术指标。目前制定无线电管理法的国家有日本《电波法》、澳大利亚《无线电通信法案》、新西兰的《无线电通信规范法》、中国的《无线电管理条例》，美国、英国、荷兰则以通信法涵盖之。

美国电信方面的法律已形成比较完整的体系，主要有《无线电管理条例（1934年版）》，1966年做了较大修改，主要是增加了保证公平竞争方面的规定和促进技术发展的规定等。此外还有卫星通信法、国家电信和信息管理组织法、电话揭发和争端解决法、法律执行通信援助法、附加通信法令等。

美国频谱管理结构

```
        ┌─────────────────────┐
        │    1934年电信法      │
        └─────────────────────┘
           ↙↖          ↗↘
┌──────────────┐     ┌──────────────┐
│     总统      │     │     FCC      │
│              │ 协调 │              │
│·联邦政府的无  │ ←→  │·除政府之外的  │
│ 线频谱管理    │     │  频谱管理     │
│              │ ←→  │              │
│·现已委托NTIA  │     │              │
│ 代为管理      │     │              │
└──────────────┘     └──────────────┘
```

美国的频谱管理结构

2. 频谱资源供需矛盾日益凸显

据ITU统计，2020年，移动通信频谱需求总量达1300～1800兆赫，仅公共移动通信频谱资源缺口就达1100兆赫，向高频要资源，解决5G发展的频谱短缺问题，目前已成为各国的共识。高频段频谱资源的开发尚显不足且难度大，这些都对无线电管理工作提出了新的要求和挑战。此外，车联网、工业互联网、物联网等战略用频的需求也在不断增加，频谱缺口将进一步增大。

3. 无线电台（站）管理有待加强

无线电台（站）是实现无线电频谱资源价值的基本物质条件。随着日益增多的无线电网络，无线电用频设备大规模增长。截至2015年年底，全国共有数量庞大的各类无线电台站617.5万个，无线电管理部门对此要规范设置和使用，减少各类干扰隐患，做好无线电频谱资源的支撑工作。

4. 无线电技术水平及装备能力亟待提升

早期的无线电技术的应用都是围绕无线电干扰问题展开的。随着无线充电、可穿戴设备等新技术、新业务不断涌现，无线电技术由干扰查找为主转变到频谱使用效率提升、提高无线电管理科学配置频率资源的水平为主。充分利用大数据、云计算等技术，通过对频谱监测数据的分析，科学、有效地评估无线电频谱资源的使用情况，实现无线电频谱管理的精细化发展。

5. 军事领域正面临从电磁频谱资源的争夺向电磁频谱战斗力的较量

美国在电磁频谱战领域的各个方面均处于世界领先水平，并率先提出电磁频谱战的概念，电磁频谱辅助作战，已然变换身份，成为作战主体跃然历史舞台。

2019年7月，美国空军发布新的电子战条令，用新的条令附录3-51《电磁战与电磁频谱作战》替代了2014年10月发布的条令附录3-51《电子战》，美国空军将"电子战"改称"电磁战"。"电子"主要是指与无线通信、雷达、导航、制导、红外、激光等相关的电子电路；而"电磁"则包括所有的电磁频谱辐射，内涵更为丰富，范围更广泛。美空军条令的这一重大变化，表明了美军电子战发展的新方向。电磁域在军事领域的广泛应用，使得电磁频谱的战略地位日趋凸显，电磁频谱作战样式也发生了巨大变化。美军为巩固其电磁频谱优势，各军兵种根据自身需求，先后提出多个新概念来指导电磁频谱域的具体军事行动，不断推进电子战向电磁频谱战演进。

2020年10月29日，美国国防部发布《电磁频谱优势战略》。该战略是国会在《2019财年国防授权法案》中要求国防部制定的，由国防部电磁频谱作战跨职能小组拟制，目的是确保美军在大国竞争时代重新获得并保持电磁频谱作战优势。该战略融合了2013年《电磁频谱战略》和2017年《电子战战略》，指出美军在电磁频谱中的五大战略目标包括：①开发具有优势的电磁频谱能力；②发展敏捷、综合一体的电磁频谱基础设施；③追求整体兵力的电磁频谱作战准备；④确保持久的合作以获得电磁频谱优势；⑤构建有效的电磁频谱监管。美军持续多年的电子战转型发展的概念讨论尘埃落定，正式开启全面建设电磁频谱作战能力的新阶段。在电磁频谱作战概念牵引下，美军持续推进电磁战斗管理系统升级与作战试验,加速研发部署新一代电磁频谱作战装备,促进电磁频谱作战能力全方位提升。

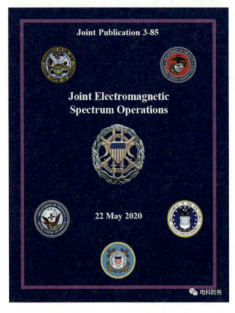

JP3-85《联合电磁频谱作战》条令　　美国国防部《电磁频谱优势战略》

综上,我国无线电管理面临的机遇与挑战并存,对于无线电频谱这一重要的国家战略性资源,如何管理好、利用好是一项长期而重要的工作,是各类无线电系统建设和运营的基础,在移动通信、广播电视、公共安全、重大赛事、应急抢险等各行业及重要活动中,发挥着不可替代且不容忽视的重要作用。在新的经济形势下,一方面,随着技术进步和信息化发展,新增无线电用户飞速发展,丰富多彩的应用不计其数,这使无线电用户和市场达到了前所未有的规模;另一方面,全球无线电频谱资源日益紧张,新的无线电技术与应用层出不穷,这使无线电频谱资源的稀缺程度不断加大。在新的军事形势下,随着电磁频谱战技术研究的白热化,新技术的研究也推动着我们不断前行,加速发展。

永远在路上
——电磁频谱管理的技术发展

"十二五""十三五"期间，我国的频谱工程工作取得了长足进步。软、硬件能力水平提升，有力支撑了国家相关领域频率使用规划。国际协调、交流与合作加强，扩大了参与国际频谱管理事务的深度和广度。经过长期发展，我国频谱工程工作逐步筑牢了基础，为频谱资源管理提供了可靠的技术保障。然而，随着无线电技术及产业的发展和国家重大战略的部署实施，频谱工程工作面临新的考验。

一方面，传统行业进入重要的转型升级期。随着通信技术的进步和国家产业转型升级的要求，各行业迫切需要创新性发展和变革，这势必产生大量的新应用，如现代化智能交通、高铁车路间通信、亚轨道飞行、高密低轨道卫星运行等。如何在日益复杂的电磁环境中，满足各行业新型无线电应用对频谱的需求，是频谱工程工作面临的巨大挑战。

另一方面，国家重大战略与新兴产业对频谱提出新要求。随着"互联网+""中国制造2025"等国家重大战略的全面提出以及移动互联网、物联网等新兴信息通信产业的蓬勃发展，无线电应用向数字化、智能化、宽带化方向演进。经预测，到2020年我国IMT频谱资源缺口可能会达到1000兆赫。

与此同时，蓬勃兴起的工业互联网、车联网等新技术新应用对频谱资源的需求也将大幅增加。此外，无线电发射设备呈现出智能、海量、移动、泛在、微功率的特征，频率使用逐步由专用向兼容共用转变。如何顺应国家战略发展要求，紧跟产业发展脚步，洞悉科技应用发展趋势，配置与之适应的频谱资源，是新时期频谱工程乃至无线电频谱管理面临的重要课题。

加强科学研究做好技术储备

面对无线电新技术、新应用的迅猛发展以及国家两化融合、智能制造等战略提出的新要求，"十四五"期间频谱工程工作应积极适应新形势，紧紧围绕无线电频谱资源管理核心职能，以优化国家频谱资源配置、提高无线电管理水平为主线，深入开展无线电频谱新技术、新业务的基础性和前瞻性研究工作，创新频谱管理技术手段，促进形成先进的频谱工程技术支撑体系，助力频谱资源科学规划和精细化管理，全面服务经济社会发展和国防建设。

人工智能技术经过十余年的快速发展，在电磁频谱领域得到初步应用，推动了电磁频谱战向智能化方向发展。电磁频谱作战具有"强信息依赖、低时延响应、大范围协同、多类型作战"的特点，对未来作战态势分析与指挥控制提出了准确电磁态势分析与预判、低时延快响应动态决策、多兵种电磁行动协同控制、复杂电磁对抗训练模拟等问题，随着人工智能技术在电磁对抗领域不断取得突破，人工智能为上述问题的解决提供了很好的研究基础和解决途径。

服务国家重大战略和产业发展。深入分析和研究"中国制造2025""互联网+"、"宽带中国"等国家重大战略部署中的用频需求，注重发挥无线电频谱资源和无线电技术应用在国家重大战略中的服务支撑作用，为推进两化深度融合、建设制造强国网络强国提供无线电频谱资源保障。另外，加快新一代移动通信（5G）频率规划研究步伐，支撑5G技术和物联网产业发展。积极开展5G试验系统与现有业务之间兼容性研究，为后续5G试验奠定坚实的频率资源基础。

统筹行业无线电频谱资源使用。加强各行业、部门用频现状和频率需求的统筹与分析，促进行业频谱资源科学配置和高效集约利用，为我国频谱资源中长期规划的制定提供有力支撑。

创新频率资源配置和使用方式。目前，频谱资源配置正在从增量为主向用好存量、调整重耕、增量投入并举转变。一方面，积极做好频谱评估方法研究与测试验证工作，支撑频率评估工作的开展，推进在用频段有效利用。另一方面，积极开展高频段、太赫兹等方面的基础性和前瞻性研究，为配置增量资源提供切实可行的依据。同时，深入探索频谱资源共享模式，在不打破原有频率规划的前提下，通过频谱聚合和频谱共享等新技术提高频谱使用效率。

加强国际频率协调研究。加快落实世界无线电通信大会（WRC-15）最新决议成果，结合我国频率资源配置需求，及时修订《中华人民共和国频率划分规定》，促进我国无线电行业健康发展。同时，加强WRC-19相关议题和重点领域研究工作，在国际划分层面充分体现我国产业发展趋势和要求。另外，积极进行边境（界）地区各类无线电业务资源储备战略性研究，加强双边协调策略研究，制定符合我国行业发展需求、实现双边发展共赢的技术规则，切实维护我国边境地区频谱资源权益。

强化技术手段提升支撑能力

先进的技术手段和设施是频谱工程工作得以有效开展的前提，是更好地服务频谱资源科学管理的必要基础。新形势下，应从软件、硬件及人才队伍等方面建设更加层次化、标准化、系统化的电磁兼容实验室，不断更新频谱工程技术手段，加强新技术新业务跟踪研究，全面提升频谱工程业务技术水平和无线电频谱管理决策支持能力。

兼容分析平台一体化。采用开放式架构建设包括广播电视、陆地移动业务、短距离无线通信、卫星导航、高频段和超宽带业务、航空和水上业务等重要无线电业务在内的电磁兼容分析平台，为实现广电、航空、航天、铁路、气象、渔业和通信等行业无线电业务系统间兼容共存和融合发展，推进频谱资源高效集约利用提供重要技术保障。

业务应用系统智能化。充分运用云计算、大数据等技术手段，应用好频率、台站、监测、卫星等业务数据，建立频谱工程综合应用系统，实现电磁频谱资源的可视化以及频谱管理决策支撑的智能化，从而辅助无线电管理机构精确、快速、科学地进行决策。

技术资源服务公众化。建设电磁兼容开放实验室，实现软硬件资源共享，为全国无线电管理与技术部门提供有力的技术支撑，为中小微企业技术创新提供健全的公共服务平台，激发无线电新技术、新产业、新业态发展活力，全面支撑国家"大众创业、万众创新"战略。

边境频率协调自动化。探索并逐步建立在台站大数据与复杂电磁环境下的协调管理、兼容分析和台站申报系统，提高国际频率协调兼容计算的科学化、程序化和自动化水平，实现边境地区用频、设台、协调、申报、管理和维护的有序衔接，做到设台用频有可靠的技术分析手段，对外协调有科学的管理体系，事前有准备，事后有管理。同时，增强软件仿真分析与硬件现场监测能力，全面提升边境频率协调技术水平。

面对迅猛发展的通信新技术革命和产业发展浪潮，无线电频谱工程工作需要夯实研究基础，拓展综合科研能力，着眼技术发展前沿，顾全行业应用大局，服务国家重大战略，全面开启无线电频谱工程工作的新篇章，为支撑我国无线电频谱资源管理和配置、助力网络强国建设发挥重要作用。

天上到底能放几颗星？
——你不知道的卫星频轨资源管理

卫星频轨资源是个啥？

卫星频轨资源是指卫星电台使用的频率和卫星所处的空间轨道位置，即可分为频率资源和轨道资源两部分。卫星频轨是所有卫星系统建立的前提和基础，也是卫星系统建成后能否正常工作的必要条件。卫星频轨资源是开展卫星通信、卫星遥感、卫星导航定位、卫星气象、卫星广播、探月和载人航天等空间业务不可或缺的基础资源。

卫星频率主要指无线电频谱用于空间无线电业务的部分，不同的业务信息须通过不同的频段传输。卫星业务的频段分配是在国际电信联盟（ITU）的管理下进行的。为了避免无线电干扰，ITU将全球划分为三个区域，第一区主要包括欧洲和非洲区域，第二区主要包括美洲区域，第三区主要包括亚洲、大洋洲等区域。在这些区域内，频带被分配给各种卫星业务，频率划分在三个区域内是基本一致的，少数情况中同一种给定的业务在不同的区域可能使用不同的频段。卫星通信使用到的频段涵盖 L、S、C、X、Ku、Ka 等，而最常用的频段是 C 和 Ku 频段，Ka 频段是后起之秀。L 频段主要用于卫星定位、卫星通信以及地面移动通信；S 频段主要用于气象雷达、船用雷达以及卫星通信；C 频段最早分配给雷达业务，现主要用于卫星固定业务、地面通信等；商用通信卫星也是从 C 频段起步的，X 频段通常被政府和军方占用，主要用于雷达、地面通信、卫星通信以及空间通信；Ku 和 Ka 频段主要用于卫星通信。ITU 对卫星通信业务的频率划分具体见下表。

国际电联对卫星通信业务频率划分

频段	频率范围	业务分类	具体业务划分
L	1~2吉赫	主要用于地面移动通信、卫星定位、卫星移动通信等	卫星移动业务： 1626.5~1660.5/1525~1559兆赫上下行频段、1668~1675/1518~1525兆赫上下行频段、1610~1626.5兆赫上行频段 卫星广播业务：1452~1492兆赫下行频段
S	2~4吉赫	主要用于气象雷达、船用雷达、卫星通信及卫星测控链路等	卫星移动业务： 1980~2100/2170~2200兆赫上下行频段、2483.5~2800兆赫下行频段 卫星固定和移动业务： 2670~2690/2500~2520兆赫上下行频段 卫星固定和广播业务： 2655~2670兆赫/2520~2535兆赫上下行频段
C	4~8吉赫	主要用于雷达、地面通信、卫星固定业务通信等	固定卫星业务： 5850~6425/3625~4200兆赫上下行频段、6425~6725/3400~3700兆赫、3400~3700兆赫卫星下行频段正在被地面业务逐渐侵蚀中
X	8~12吉赫	通常被政府和军方占用，主要用于雷达、地面通信、卫星固定业务通信等	卫星通信多使用7.9~8.4/7.25~7.75吉赫频段，简称为8/7吉赫频段
Ku	12~18吉赫	主要用于卫星通信，支持互联网接入	固定卫星业务： 14.0~14.25/12.25~12.75吉赫上下行频段、上行为13.75~14吉赫、下行为10.7~10.95和11.45~11.7吉赫的扩展Ku频段 广播卫星业务： 11.7~12.2吉赫下行频段
Ka	26.5~40吉赫	主要用于卫星通信，支持互联网接入	卫星通信可使用27.5~31/17.7~21.2吉赫频段，简称为30/20吉赫频段

就像火车运行需要铁路轨道一样，卫星绕地球飞行时也需要卫星轨道。卫星轨道通常为以地球为圆心的圆形或以地球为焦点的椭圆形，可用轨道半长轴、轨道偏心率、轨道倾角、升交点赤经、近地点幅角和真近点角六个轨道要素（根数）描述，称为六根数，各参数的含义见下表。

轨道六根数

名称	符号	含义
半长轴	a	椭圆轨道长轴的一半，有时可视作平均轨道半径
偏心率	e	椭圆轨道两焦点距离与长轴长度的比值，是椭圆轨道扁平程度的一种度量
轨道倾角	i	轨道平面和赤道平面之间的夹角
升交点赤经	Ω	卫星轨道的升交点与春分点之间的角距
近地点幅角	ω	从轨道升交点到近地点之间以地心为顶点的张角
真近点角	v	从近地点起，卫星沿轨道运动时，其向径 r（也就是卫星位置矢量）扫过的角度

上述前五个轨道根数决定卫星在空间的轨道，其中，半长轴和偏心率决定轨道的大小和形状；倾角、升交点赤经、近地点幅角决定轨道相对于地球的方位；最后一个根数是真近点角，用于计算卫星在轨道上的位置。

卫星轨道按形状可分为圆轨道（圆心为地心）和椭圆轨道（焦点之一为地心）；按轨道倾角分为赤道轨道（倾角等于 0 或 180°）、极地轨道（倾角等于 90°）和倾斜轨道（倾角不等于 90°、0 或 180°）；按轨道离地面的高度，可以分为低轨道、中轨道和高轨道，见下表。在卫星轨道高度达到 35786 千米，并沿地球赤道上空与地球自转同一方向飞行时，卫星绕地球旋转周期与地球自转周期完全相同，相对位置保持不变。此卫星在地球上看是静止的，称为地球静止轨道卫星。

卫星轨道高度分类

卫星类型	轨道高度
低轨道（LEO）卫星	300～2000 千米
中轨道（MEO）卫星	2000～35786 千米
地球同步轨道（GEO）卫星	35786 千米

永无休止的"太空车位"争夺战

频轨资源申报

卫星频轨资源是全人类共有的、有限的自然资源,人人都想率先抢占,那给谁用是谁说了算呢?实际上,卫星频率和轨道分配应遵守国际法规,主要包括联合国《外层空间宣言》《外层空间条约》《国际电信联盟组织法》《国际电信联盟公约》及ITU《无线电规则》《组织法》《程序规则》《建议书》等。

根据《无线电规则》,卫星频率/轨道分配机制主要有两类:一是规划法,即通过规划的手段"平等"分配、规划卫星业务资源,具体程序按《无线电规则》第5条、第9条及第11条的脚注,以及附录30、30A及30B进行;二是协调法,即通过申报与协调的手段合法地"先登先占",即对于非规划频段的卫星频率/轨道分配,需经过申报、协调和通知三个阶段,以获得所需要的卫星频率/轨道,并且能得到国际保护。

在美国、俄罗斯等航天强国的推动下,国际规则中卫星频轨资源的主要分配方式为协调法,即"先申报可先使用"的抢占方式,这种方式下频率/轨道资源的获取需要经过"国际申报–国际协调–通知登记"的过程。此外为了避免许多国家为了抢占频轨资源,先向ITU申报但迟迟不使用的情况,国际规则规定,卫星频率和轨道资源在登记后的7年内,必须发射卫星启用所申报的资源,否则所申报的资源自动失效。

1）第一阶段：国际申报

关于协调法分配机制，第一阶段为卫星网络资料申报阶段（简称A阶段）。《无线电规则》第9条第Ⅰ节规定，卫星网络申报需要用ITU规定的专用软件，提前向ITU无线电通信局（BR）报送关于卫星网络或卫星系统的一般性说明资料（即API资料）。网络申报的基本内容包括轨道、波束、频段、极化、业务类别、发射类别（带宽、信号强度）、应用类别、要求的保护比（如载干比（C/I）、信噪比（S/I））等。A阶段是协调和通知阶段前的必经阶段。API资料的报送时间应不早于该网络规划启用日期前7年，最好不迟于该日期前2年。国际电联通过国际频率信息通函（简称IFIC），将接收到的合格的API资料向全世界公布。

2）第二阶段：国际协调

第二阶段为卫星网络协调阶段（简称C阶段），其协调程序按《无线电规则》第9条第Ⅱ节进行。申请国必须在API资料被接收后的2年内，按《无线电规则》附录4的要求提交详细的卫星网络资料（即C资料）。ITU对于不同种类卫星网络的C资料，根据《无线电规则》中不同的规则要求，对C资料进行技术和规则审查。审查合格后，BR将在国际频率信息通报（IFIC）特节中公布C资料。各国在规定的时间期限内，正式判断新申报的卫星网络是否可能对自己已经申报了的卫星网络或地面业务产生不可接受的干扰，有协调要求的主管部门和发起协调要求的主管部门，在C资料公布之后4个月内给相应主管部门做出同意或不同意及理由的答复，否则就视为同意。由此建立正式协调关系。

3）第三阶段：通知登记

第三阶段为卫星网络通知登记阶段（简称N阶段），其通知程序按《无线电规则》第11条及决议33进行。经卫星网络国际频率干扰协调，消除卫星网络之间可能存在的潜在干扰后，使用ITU规定的软件，向 ITU 申报卫星网络简要实际使用的通知登记信息（简称 N 资料）。第 11.25 款规定，通知资料（N 资料）送交 BR 的时间不应早于频率指配投入使用日期前 3 年；第 11.43A 款规定，如果对已送了 N 资料并已投入使用的频率指配进行修改，则所做的修改应在修改通知日期起 5 年内投入使用；第 11.44 款规定，N 资料投入使用时间不能晚于 API 资料接收日期（1997 年 11 月 22 日后）起 7 年。所有通知信息将由 BR 做进一步的技术和规则验证。经审查合格后，该频率指配才可以记录在国际频率登记总表（MIFR）内。此后的其他各主管部门新建的卫星网络不得对其产生有害干扰，即使受到它的干扰也不得提出申诉。

"太空车位"现状

卫星频轨资源是稀缺的"太空车位"，各国为能够布局发射自己的卫星，在太空中占据一席之地，纷纷加入"抢车位"大战。随着卫星技术和产业的发展，卫星频轨资源的竞争已进入白热化阶段。

对于频率资源，L、S 和 C 频段使用较早，目前已几乎殆尽，X 频段是受管制频段，通常用于政府和军方部门，不能用于民用商业用途，Ku 频段是卫星通信的常用频段，也已近饱和，无法承载更多的业务。随着低频率资源的耗尽以及卫星通信技术的发展，Ka 频段在近年来兴起，且具有频带较宽的特点，正在被广泛使用。同时为了防止星座之间信号的用频干扰，还须留出一定的频率间隔，形成"保护带"。此外，C、Ka 频段还要面对 5G 网络的激烈争夺，Q/V 频段也已被巨头企业提前布局，可见卫星频率资源极为紧张。

除了频率资源，卫星的轨道资源也非常有限。对于对地静止轨道位置资源，一颗静止轨道卫星可以覆盖地球表面约 40% 的区域，但受天线接收能力限制，同一频段、覆盖区域相同或部分重叠的对地静止卫星之间须间隔一定的距离，即从地面看要间隔一定的角度，地球站才能区分开不同卫星的信号实现正常的工作。两颗卫星之间需要在经度上间隔不小于 2 度，在整个对地静止轨道上的同频段卫星通常不会超过 150 个，静止轨道卫星数量远不能满足世界各国的需求。

目前全球静止轨道卫星数目已达 601 颗，其中美国 179 颗、中国 78 颗，在轨态势如下图所示，从外层到内层分别为全球、美国和中国在轨静止轨道卫星态势。由图可以看出静止轨道位置已十分拥挤，高轨资源紧张，近年来各国均布局卫星星座向中低轨发展。

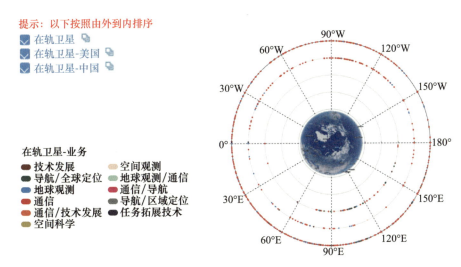

全球静止轨道卫星态势

虽然静止轨道卫星已接近饱和，但各国仍未停下 GSO 卫星网络资料申报的脚步。近年来 GSO 卫星网络资料的申报情况见下表。

GSO 卫星网络资料申报情况

年度	网络	总数	A 阶段	C 阶段	N 阶段
2008	GSO	3126	1017	1249	860
2009	GSO	3166	1043	1109	1014
2010	GSO	3133	966	1115	1052
2011	GSO	3371	1162	1188	1021
2012	GSO	3993	1688	1264	1041

续表

年度	网络	总数	A阶段	C阶段	N阶段
2013	GSO	4017	1520	1418	1079
2014	GSO	4641	1902	1654	1085
2015	GSO	5656	2782	1773	1101
2016	GSO	4971	1841	2020	1110
2017	GSO	3292	8	2148	1136
2018	GSO	3371	4	2152	1215
2019	GSO	3298	15	2038	1245
2020	GSO	3404	19	2055	1330
2021	GSO	3419	19	2031	1369

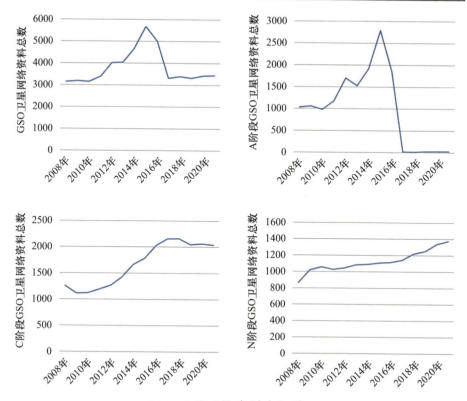

GSO卫星网络资料申报情况

天上到底能放几颗星？——你不知道的卫星频轨资源管理

由上图可以看出从 2010 年开始 GSO 卫星网络资料的总数增长速度开始急剧增长，在 2015 年达到峰值，在峰值过后，GSO 卫星网络资料数量在经过短暂下降后，又开始逐年缓慢增长；N 阶段即已登记入国际频率登记总表（MIFR）内的卫星网络资料数量逐年稳步提升，但提升速度较为缓慢。GSO 卫星网络资料的争夺主要集中在 2010—2015 年，在此期间 GSO 卫星网络资料的数量增长了近一倍。但由于静止轨道轨位资源有限，在轨卫星已接近饱和，且在此期间申报的卫星网络资料，有很大一部分只是为了紧跟申报潮流，提前占领轨位，使得很大一部分未进入到协调阶段便以失效，导致 2016—2017 年 GSO 卫星网络资料数量急剧下降。

对于非静止轨道资源，主要集中在对近地轨道的争夺。近年来低轨卫星网络如雨后春笋般兴起，近地轨道已经成为各国卫星企业争相抢占的战略资源。目前全球低轨卫星已有约 6000 颗，在轨态势如下图所示，可以看到地球已被低轨卫星重重包围。

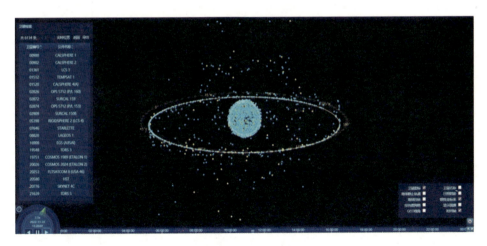

全球在轨卫星态势

近年来，各国为了抢占低轨频轨资源，对 NGSO 卫星网络资料的申报也在如火如荼地进行中。目前 NGSO 卫星网络资料的申报数量虽没有高轨卫星网络数量多，但 NGSO 卫星的频轨资源争夺情况正在愈演愈烈,由下表 NGSO 卫星网络资料申报情况可知,每年增加的卫星网络资料数量呈指数增长,2021 年 NGSO 卫星网络资料数量已接近 2008 年 NGSO 卫星网络资料数量的四倍,且目前仍未到达增长的最高点。

NGSO 卫星网络资料申报情况

年度	网络	总数	A 阶段	C 阶段	N 阶段
2008	NGSO	438	115	35	288
2009	NGSO	520	186	36	298
2010	NGSO	495	139	36	320
2011	NGSO	509	132	37	340
2012	NGSO	545	155	37	353
2013	NGSO	566	157	41	368
2014	NGSO	611	190	42	379
2015	NGSO	696	272	43	381
2016	NGSO	766	311	56	399
2017	NGSO	890	376	89	425
2018	NGSO	1066	448	132	486
2019	NGSO	1144	479	147	518
2020	NGSO	1405	610	217	578
2021	NGSO	1638	724	269	645

有专家粗略估计,近地轨道(LEO)大约可容纳 6 万颗卫星,而仅 Starlink 宣布的发射计划就达到 4.2 万颗。按照现在各国公开的发射计划推算,到 2030 年左右,地球近地轨道(LEO)的卫星容纳就临近极限。然而各国的低轨星座部署正愈演愈烈,没有降温的苗头,各国为占频保轨,掌握低轨卫星发展的主动权,对于近地轨道资源的争夺会更加激烈。

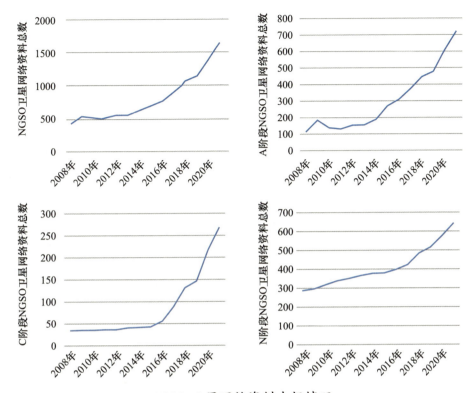

NGSO 卫星网络资料申报情况

落后者的奋起直追

中国航天起步较晚，1957年苏联成功发射人类历史上第一颗人造卫星。1958年1月时，美国航天发射本国的第一颗人造卫星，而中国航天在这个时候才刚刚成立，直到1970年4月，我国才成功发射第一颗人造卫星。经过50多年的发展，中国卫星事业阔步前行，卫星队伍不断壮大。截至2022年11月25日，全球在轨卫星总数为6930颗，其中美国4392颗，中国645颗，英国489颗，俄罗斯220颗，欧航局60颗。由于Starlink星座的组建实施，美国在入轨卫星数量上遥遥领先，比其他所有国家总和还多，占比达到63%，继续保持着卫星数量和轨位资源的优势，随着后续多个卫星星座的规划落地，这种优势将继续扩大。

我国目前高轨卫星有78颗，占全球高轨卫星总数的13%，主要包括东方红系列、鑫诺系列、中星系列、亚太系列、实践系列、中卫系列、天通系列、天链系列卫星，业务范围主要为通信、遥感等。我国高轨卫星主要由中国航天科技集团运营，高轨卫星正在稳步推进建设中。

目前全球处于低轨卫星网络建设的发展浪潮中，以Starlink、OneWeb为代表的低轨卫星星座成为新的发展趋势。自2019年5月开始，SpaceX几乎保持着每次发射50～60颗卫星的效率，截至2022年11月25日已发射了3524颗卫星。在低轨卫星建设方面，国外已先行一步，我国也紧随其后，奋起直追。2016—2018年间，中国航天科技集团、中国航天科工集团、中国电子科技集团等国家队纷纷提出了各自的低轨互联网星座建设方案，并陆续发射了试验星。2016 年，中国航天科工集团提出"虹云工程"，计划发射 156 颗卫星，在距离地面 1000 千米的轨道上组网运行。2018 年 12 月 22 日，"虹云工程"技术验证星自酒泉卫星发射中心成功发射入轨后，先后完成了不同天气条件、不同业务场景等多种情况下的全部功能与性能测试。2016 年 11 月，中国航天科技公司宣布将在 2020 年建成"鸿雁星座"全球卫星通信系统，该系统包括 300 颗低轨道小卫星，可为用户提供全球实时数据通信和综合信息服务。2018 年 12 月 29 日，"鸿雁星座"发射首颗试验星，可实现"鸿雁星座"关键技术在轨试验。2015 年年底，中国电科召开了"天地一体化信息网络"重大工程专题工作会，该项目内容为低轨接入网规划 60 颗综合星和 60 颗宽带星。2019 年 6 月 5 日，"天地一体化信息网络"重大项目"天象"试验 1 星、2 星通过搭载发射，成功进入预定轨道。卫星搭载了国内首个基于 SDN（软件定义网络）的天基路由器，在国内首次实现了基于低轨星间链路的组网传输，并在国内首次构建了基于软件重构功能的开放式验证平台。目前航天科技、航天科工和中国电科相继提出的项目过于分散，各家单位之间并没有形成合力。

2020 年 4 月 20 日，国家发改委首次将卫星互联网列为"新基建"中的信息基础设施，这充分表明了卫星互联网产业的重要地位，以及国家大力发展卫星互联网的决心。与此同时，"星网"公司组建的坊间传言一直不断。在 2020 年 9 月，有一家代号为"GW"的中国公司，向国际电信联盟（ITU）递交了频谱分配档案。档案中曝光了两个名为 GW-A59 和 GW-2 的低轨宽带星座计划，具体规划见下表，其计划发射的卫星总数量达到 12992 颗。

2021 年 4 月 28 日，国务院国资委发布关于组建中国卫星网络集团有限公司的公告。至此，中国"星网"公司终于破茧而出，"GW"星座计划的谜底也终于揭晓。"GW"其实就是"国网"的拼音首字母，是中国星网公司成立之前的暂定名称。中国"星网"公司的成立，是我国卫星通信和卫星应用产业的一个里程碑。"星网"将是统筹、规划及运营我国低轨卫星互联网的"国家队"，能够充分整合各方资源，对我国卫星互联网产业的发展，特别是低轨卫星互联网领域的发展，起到带头引领的作用。

中国 GW 星座计划

星座	子星座	轨道高度	轨道倾角	轨道面数	单轨星数	卫星数量
GW-A59	1	590 千米	85°	16	30	480
	2	600 千米	50°	40	50	2000
	3	508 千米	55°	60	60	3600
小计						6080
GW-2	1	1145 千米	30°	48	36	1728
	2	1145 千米	40°	48	36	1728
	3	1145 千米	50°	48	36	1728
	4	1145 千米	60°	48	36	1728
小计						6912
卫星总数量						12992

美国民营航天企业 SpaceX 以独有的商业航天体系，开启了一片新的蓝海。中国民营航天虽起步较晚，但也正形成越来越多的企业开始投入到民营航天中的趋势，构成了国家队统筹主导，民营企业积极参与的格局。银河航天、九天微星等企业也参与到了低轨互联网卫星项目中，目前国内已发布的低轨卫星星座计划超过 27 项，其中由民营企业发起的星座项目就有 14 个。根据计划相加，到 2025 年前，我国将发射约 3100 颗商业卫星。在国家主导卫星互联网的大背景下，民营航天将会和国家力量相辅相成，参与到航天产业链的构建中，为航天发

展增添新的动力。

当前，我国航天已进入高密度发射常态化阶段。高密度发射的同时，一直保持着相当高的成功率。以近几年为例，2018年，世界航天共发射114次，成功109次，中国发射39次，成功38次；2019年，世界航天共发射103次，成功95次，中国发射34次，成功31次；2020年，全球共实施114次发射任务，中国开展39次航天发射，发射89个航天器，发射次数和发射载荷质量均位居世界第二。到2021年，世界航天发射活动次数和发射质量均创新高。2021年，全球共进行航天发射活动144次，成功率93.1%。各国或组织的发射情况见下图所示，其中中国55次，成功52次，发射次数和成功次数均居世界第一。

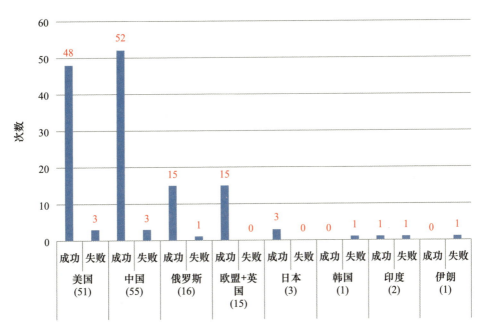

2021年全球航天发射活动次数统计图（按国家/地区）

美国和中国仍然是全球航天发射大国，总发射次数接近，两国发射次数占全球总发射次数的73.6%，均比其他国家发射次数总和还多。而在中美航天发射的较量中，SpaceX撑起了美国航天的半边天，在美国 2021 年的 51 次发射中，SpaceX 贡献了 31 次，其中 17 次为部署 Starlink 卫星组网发射。在五十年的征程中，中国航天不忘初心、砥砺前行，卫星事业紧跟国际发展，争取领先地位，抢占频轨资源，为后续发展奠定坚实基础。

守护者的百宝箱
——典型电磁频谱管理行为

"切豆腐"的游戏

频谱资源横跨0~300吉赫,看不见,摸不着,却又无处不在,遍布于移动通信、导航定位、航空、水上移动、卫星、气象辅助、卫星气象、空间研究、射电天文等生产、生活领域,是珍稀而又宝贵的"香饽饽",特别是"物美价廉"、开发技术成熟的短波、超短波频段,更是业务扎堆,拥挤不堪。因此,国家作为频谱资源所有者,必须做好频谱资源规划,维护频谱资源使用秩序。

频谱资源规划的依据是国内和国际无线电频率划分规定。国际无线电频率划分规定是国际电联通过的具有法律效力的《无线电规则》的主要内容,一般是由国际电信联盟(ITU)召开的世界无线电行政大会或世界无线电通信大会(WRC)确定和修改定稿,包括我国政府在内的各国主管部门均在历次大会的最后法案文件上签字。我国的频率划分规定的修订、调整当然也应紧密参照、积极对接国际电联的频率划分新规定。

为划分无线电频率,国际电信联盟《无线电规则》将世界划分为三个区域,中国位于3区。

频谱资源规划过程中,遵循以下基本原则:

(1)合理分配资源。体现合理、有效、节约的划分原则,在规划新业务、新技术的频谱需求时,充分考虑我国频谱使用的现实状况,尽力做到既鼓励采用新技术又不脱离实际。

(2)积极接轨国际标准。新业务频谱资源规划过程中,既要符合国情，又要参考国际电联频率划分规定，积极与国际标准接轨。

（3）考虑频谱兼容。频谱资源规划过程中，遵循避让原则，新业务避让已有业务，新业务不得对已有业务产生有害干扰。

（4）做好充分利用。频谱资源只见规划分配，却鲜有资源回收的案例，无线电设备频谱资源实际利用效果无反馈、频谱管理部门对频谱资源利用水平不掌握等现状，决定了频谱资源规划过程中要做好频谱资源充分利用，从方法理论上做好设计工作。

频谱资源规划是将频谱资源"切豆腐"式成块划分给相应无线电业务，如下图所示，"切豆腐"的依据源自《中华人民共和国无线电频率划分规定（2018年版）》，频谱资源在横向上被切割成条状，纵向上又被切割成多块；低频段被切割的如丝如缕，高频段的"豆腐块"清晰可见。

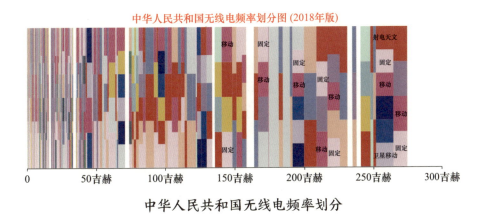

中华人民共和国无线电频率划分

在横向上，频谱资源按频段跨度划分给相应无线电业务；纵向上，每一频段内又可分给不同的业务进行共用，这与前文所述的合理分配、充分利用原则相对应。在低频段，频段范围跨度小、适用业务广，因此以千赫兹为跨度单位划分极为详细。

电磁界的"人口"管理

电磁频谱资源的通过用频装备、台站为载体实现开发利用的。用频先管频,管频就是管理用频装备台站,保证用频装备台站各行其是,互不影响。管理用频装备台站的底气和依据来自国务院和中央军委联合制定颁布《无线电管理条例》、工业和信息化部颁发《地面无线电台(站)管理规定》等法律规定。

规定中明确了民用领域用频装备、台站管理职责归属国家无线电管理机构,各省、自治区、直辖市无线电管理机构负责相应区域内无线电管理工作。军事领域用频装备、台站管理职责归属中国人民解放军电磁频谱管理机构。为应对地方和部队用频装备、台站之间可能出现的用频冲突问题,地方和部队无线电管理机构建有协商机制。

用频装备、台站从"出生"到"身亡"的全生命周期内都要接受管理,没有例外、没有商量的余地。用频装备、台站的管理,按阶段主要分为申请入网许可管理、申请方使用管理、管理机构监督检查管理三部分,分别对应电磁人口管理中的"准生证办理""日常行为办理""违法行为监督管理"。

用频装备/台站申请入网许可管理

用频装备/台站申请入网许可管理是指新设置装备/台站,申请使用无线电频率资源并取得无线电执照的过程管理,就是为电磁界新增

"人口"办理"准生证"的过程管理,这是电磁界"人口"管理的必需步骤,否则用频装备/台站将变为"黑户",成为执法管理机构查处的对象。具体申请流程如下:

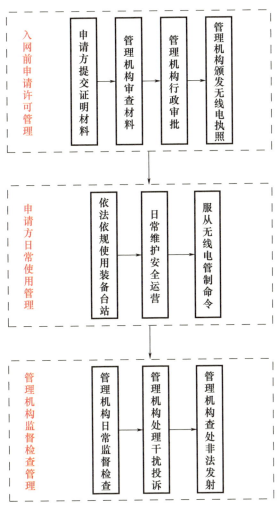

用频装备/台站全生命周期管理流程图

(1)申请方亮明身份、提供证明材料。

申请办理"准生证",需提供以下证明材料:

● 申请方证照材料,表明身份;

- 用频装备台站身份证，即无线电频率使用许可证或者无线电频率使用批准文件，表明装备/台站是合法且国家批准投入使用的装备；
- 申请方技术人员、管理措施保障证明，证明申请方有能力管理使用装备/台站，做好用频台站日常使用、维护工作；
- 明确的技术用途和方案，证明装备/台站申请理由合理，有详细可操作的技术方案；
- 依法依规使用承诺书，保证依法依规使用装备/台站；
- 用频装备台站电磁环境测试报告，确保该装备与已有电磁环境的电磁兼容，即证明该装备台站不会对已有装备造成干扰，也不会因为受到干扰而做出干扰投诉。

（2）无线电管理机构申报材料审查。

无线电管理机构负责对收到的申请、证明材料进行审核，并对资料完整性、正确性做出审核结论。申请材料齐全、符合法定格式要求的，机构受理并向申请人出具受理通知书；申请材料不齐全或者不符合法定形式的，审查不予通过，并告知需要补充完善的材料内容。

（3）无线电管理机构行政审批。

无线电管理机构负责对申请做出行政审批决定：许可或不予许可。予以许可的，颁发"准生证"，即无线电台执照；不予许可的，向申请人发送书面通知并附明确的申请驳回理由。

（4）无线电管理机构颁发无线电执照。

无线电管理机构行政审批对申请许可方颁发无线电执照，并根据需要，核发无线电台识别码，作为独一无二的身份识别码。

申请方日常使用管理

用频装备台站申请方获得身份许可（无线电执照）后，就正式成为电磁界的常驻"人口"，加入电磁界，就要遵守电磁界的规矩，做到依法依规使用，安全运营，服从命令听指挥。

（1）依法依规使用装备台站。

用频装备台站获得无线电执照后，要信守申请承诺，依法依规使用装备台站，不做允许范围之外的事情，不得故意收发无线电台执照载明事项之外的无线电信号，不得传播、公布或者利用无意接收的信息。

（2）日常维护安全运营。

无线电装备台站使用方做好安全生产、日常维护保养工作，牢记安全意识，形成书面记录，以备巡检抽查；此外，为保障装备台站安全运营，还要在提升装备台站的抗干扰能力方面下功夫。

（3）服从无线电管制命令。

政府发布实施无线电管制命令期间，身处管制区域内，应当服从无线电管制命令和无线电管制指令，听从政府指挥。

管理机构监督检查管理

（1）管理机构日常监督检查。

无线电管理机构对用频装备台站的日常使用进行检查、检测，确保装备台站依法依规使用，不存在违法行为。

（2）管理机构处理干扰投诉。

无线电管理机构对收到的干扰投诉及时核实，依法处理。无线电管理机构在处理完毕后，处置情况及时通报。

（3）管理机构查处非法发射。

无线电管理机构查处产生有害干扰、从事非法无线电发射活动的用频装备台站。

来看电磁干扰"打地鼠"

电磁干扰（Electromagnetic Interference）会严重危害正常的无线电业务，是电磁频谱管理部门严查严管的用频行为。从干扰来源角度可分为自然干扰源和人为干扰源。自然干扰源主要来源于大气层的天电噪声、地球外层空间的宇宙噪声，既是地球电磁环境的基本要素组成部分，又是无线电通讯和空间技术的干扰源。宇宙中的自然噪声会对人造卫星和宇宙飞船的运行产生干扰，也会对弹道导弹运载火箭的发射产生干扰。其中，太阳耀斑爆发就是一种典型的自然干扰，它是一种发生在太阳大气层中的剧烈太阳活动，会造成地球电离层扰动，影响地球的短波通信。

人为干扰源存在极大的不确定性和随机性，它可能来自专用的电磁干扰设备、"黑广播"、无意发射等，对正常的无线电业务产生威胁。20世纪70年代中期，冷战期间军备竞赛愈演愈烈，苏联建造了世界上最大的Duga远程警戒雷达，高度140米左右，工作峰值功率高达10兆瓦，探测距离可达5000千米。该雷达工作于短波频段，辐射发出的10赫波频率声类似啄木鸟的声音，因而得名"俄罗斯啄木鸟"，开机后可对全球范围内大量无线电广播、无线电台、短波通信等造成干扰。

守护者的百宝箱——典型电磁频谱管理行为

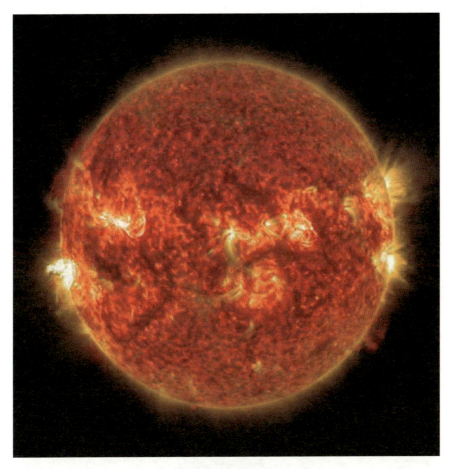
太阳耀斑爆发图

"俄罗斯啄木鸟"——Duga 远程警戒雷达

"黑广播"是指未经批准设置、非法占用无线调频广播频率的无线电发射电台，播放内容多以虚假医药广告为主，严重扰乱广播电视秩序，危害国家安全。"黑广播"发射功率很大，产生的无线电信号会窜扰到民航正常的频率中，直接危及民航飞行安全。民航无线电地空通信具有为航班提供精确导航指令的重要作用，但"黑广播"干扰已成为影响民航飞行安全的重要因素之一。仅在2021年1月～6月，全国无线电管理机构打击治理查处"黑广播"1127起，其中"黑广播"涉及敏感信息案件96起，干扰民航案件15起，缴获"黑广播"设备990台（套）。

"黑广播"设备图

除"黑广播"等非法干扰源外，无线电设备间也会产生各种无意干扰。2019年12月份，南京禄口机场C波段多普勒气象雷达受到不明外部干扰，严重影响航空气象的监测、预警和禄口机场管制航班的飞行安全。江苏省工信厅牵头，与空管部门、雷达厂家等合力，沿着干扰路径方向排查，终于在山东泰安境内，确定干扰源为泰山上设置的C波段气象雷达。该雷达竟然会影响到500千米外的南京禄口机场。

守护者的百宝箱——典型电磁频谱管理行为

泰山气象雷达图

违法违规用频如"地鼠啃食草原"般侵蚀着频谱资源的正常使用秩序,对造成干扰的露头"地鼠",无线电管理机构态度是明确的,露头必打、干扰必查、违法必惩,发现一起查处一起。因此无线电使用方,不要心存侥幸,依法依规用频才是长久之计。

不可触碰的法律红线

电磁频谱是无形的、有限的、不可再生的自然资源，属国家所有。《民法典》第二编"物权"第 252 条中规定："无线电频谱资源属于国家所有"，该条确定了国家对无线电频谱资源依法享有占有、使用、收益和处分的权利。

无线电频谱资源的开发利用必须经申请、审批、许可手续，否则违法违规。对此，《中华人民共和国刑法修正案（九）》中第二百八十八条第一款明确规定："违反国家规定，擅自设置、使用无线电台（站），或者擅自使用无线电频率，干扰无线电通讯秩序，情节严重的，处三年以下有期徒刑、拘役或者管制，并处或者单处罚金；情节特别严重的，处三年以上七年以下有期徒刑，并处罚金。"

无线电频谱使用过程中，需遵守《中华人民共和国无线电管制规定》。无线电管制，是指在特定时间和特定区域内，依法采取限制或者禁止无线电台（站）、无线电发射设备和辐射无线电波的非无线电设备的使用，以及对特定的无线电频率实施技术阻断等措施，对无线电波的发射、辐射和传播实施的强制性管理。实施无线电管制期间，无线电管制区域内拥有、使用或者管理无线电台（站）、无线电发射设备和辐射无线电波的非无线电设备的单位或者个人，应当服从无线电管制命令和无线电管制指令。

国家对军地双方频谱资源的开发、利用划下了清晰明确、不可触碰的法律红线，是所有用频使用方必须要严格遵守的底线。

见你未见
——神奇的电磁频谱感知技术

无形之手、显形之眼
——无线电监测技术

当你初闻电磁波的时候，是否感觉到非常陌生？先说几个例子：收音机可以接收到来自空中的电磁波，转化成声音传入到我们的耳朵；笔记本电脑可以通过电磁波连接 WiFi，转化成流量让我们尽情地上网冲浪；手机可以利用基站找到来自 5 吉赫的电磁波，转化成通话让我们彼此问候。民航飞机利用导航电磁波，转化成领路人，使飞机能够按既定路线和计划正常飞行。这些常见的生活现象都与电磁波息息相关，电磁波离我们是如此之近，但是却又如此神秘。好了，说到这里，电磁波究竟长什么样子呢？下面我们揭开电磁波的两种最常见的穿搭：电磁原始数据和频谱数据。

贯穿整个世界的一个最基本的物理单位是时间，任何存在于世界空间的物体都存在时间维的概念，我们的电磁波也不例外，它会随着时间的推移而发生各种变化。这种随时间变化的数据，通常被称为电磁原始数据，以最简单的单一频点的电磁原始数据波形为例，它就是一个非常"纯洁"的正弦波。

19 世纪，国外一个有名的同学——傅里叶同学从电磁波的另一个侧面对它进行了分析和展示，将电磁原始数据进行傅里叶变换后，会让时域变成频域，从而形成电磁频谱，一个单频点波形的电磁频谱如下图所示。

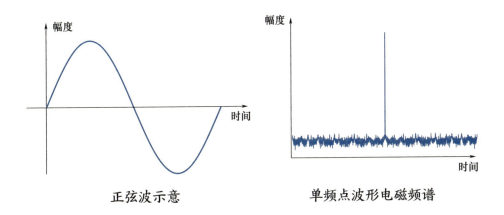

正弦波示意　　　　　　　单频点波形电磁频谱

那么它们之间是什么关系呢,看下图。

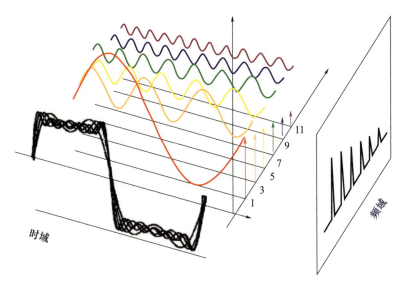

时域和频域关系

看明白了吗?所谓电磁波的时域和频域,其实就是我们从不同的角度看过去的结果,它们所描述的都是电磁波,只是不同的域有不同的展示方式。无论电磁波多么复杂,它都由这两个域以及由这些域进行变换所衍生出来的数据来表示电磁波的特征。时频域数据是它的基础,也是根本。

无线电监测

至此我们已经初窥了电磁波的外貌，而无线电监测，就好比一只无形的手，能够把电磁波准确地捕捉到，并将它的时域和频域波形数据展现出来，让我们能够用显性的眼观察到电磁波的变化，进而揭开电磁波神秘的面纱。

无线电监测是一个业务的总称，那么真正负责捕捉和展示的是谁呢？有两个形影不离的好伙伴，分别是天线和接收机。

第一个伙伴：无形之手——天线。天线是一种变换器，它把无界媒介（通常是自由空间）中传播的电磁波，变换成在传输线上传播的导行波。相当于一只无形的手，在空中有针对性地捕获业务需要的电磁波。它是在无线电设备中用来发射或接收电磁波的部件。无线电通信、广播、电视、雷达、导航、电子对抗、遥感、射电天文等工程系统，凡是利用电磁波来传递信息的，都依靠天线来进行发射和接收的工作。

第二个伙伴：显性之眼——接收机。接收机能够接收在传输线上传播的导行波，经过信号处理，将电磁波模拟信号转化为可处理的数字信号，经过变频、采样、量化等多步处理，最终形成我们可见的时域和频域波形。

如何理解天线和接收机的架构呢？有一个非常直观又简单的例子：收音机。

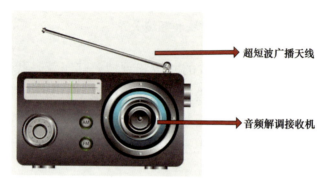

收音机示意

收音机是一个非常小巧的天线和接收机组合。收音机上端的可伸缩式天线,用于接收 88 ~ 108 兆赫的电磁波频段,这个频段在划分上是为无线电广播服务的。天线将该频段内的电磁波接收到,经过变换后送入至收音机机体内部。收音机内部经过数字处理和解调,就会转变成声信号,通过喇叭外放到人们耳中。

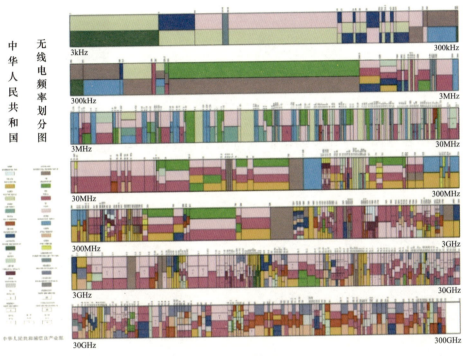

频率划分示意图

在实际无线电监测业务中,覆盖频率范围一般从 1.5 兆赫到 50 吉赫,频段非常之宽,涵盖了广播、对讲、导航、移动、通信等多种业务,为了能够满足这类业务的应用,对应的天线和接收机也都有不同的设计方式。以天线为例,根据频段划分不同,就包含鞭形天线、双锥天线、对周天线、喇叭天线,如下图所示。

在接收机中,为了适合多种使用场景,接收机的内部设计和外部载体也随业务不同而改变,包括固定式、车载式、便携式、网格化、舰载式、机载式、手持式等多种无线电监测设备。

电磁频谱管理：无形世界的守护者

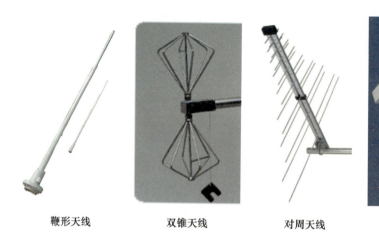

| 鞭形天线 | 双锥天线 | 对周天线 | 喇叭天线 |

天线示意图

所有这些军民用无线电监测设备相互协同、统一调度，一起构成了整个无线电监测系统，用一只巨大的手，使得电磁波的行踪尽在掌握。

| 舰载监测设备 | 固定监测站 | 便携式监测设备 | 网格监测站 |

| 手持式频谱监测设备 | 频谱监测车 | 频谱监测无人机 |

频谱监测设备

电磁"指南针"
——无线电测向定位技术

所谓定位,就是确定目标的位置。那么无线电测向定位是什么呢?从专业领域来说,无线电测向定位就是利用无线电监测系统的测向测幅手段,发现用频装备的位置。用频装备,即使用频率对外发射电磁波的装备。那么由此可知,与我们用眼睛看来测距、用耳朵听来估方向不一样,我们能够接收到的用频装备的位置信息特征只有电磁波。那如何通过电磁波来获取装备方位呢?为了能够更为直接地说明,我们通过拟人化的方式来进行形象的分析。

首先,在远处有一个正在播放音乐的喇叭。我们的第一反应是,我们能够听到这个喇叭的声音,通过声音,可以大致确定喇叭的方向,没错吧?好的,我们就完成了无线电测向定位的第一步,测向。用频装备的电磁波包含幅度和相位信息,通过阵列天线接收到电磁波后,根据天线阵上不同阵元相位之间的差异,就能够准确获知电磁波的来波方向,就是完成了测向,相当于我们用人耳完成了一次听音辨向。

确认声音来源,明确目标来向

测向示意图

接着，我们情不自禁用眼睛去看，是谁在唱歌？通过目测，我们大致确定了是一个喇叭，估算了一下距离，它可能在那个位置上。好的，我们完成了无线电测向定位的一步半。之所以说是一步半，是因为这种我们用眼睛去估计的距离，并不一定是准确的。在无线电测向定位领域，这种距离的估算即根据当地的监测环境（山地、城区、林区等），利用电磁波的传播模型，计算能量传播到这里的损耗，从而结合方向估算出目标的位置。利用单设备手段时，可以使用这种方式完成抵近式测向，最终确定目标的位置。但是需要注意的是，距离的估算受电波传播影响较大，对于精度有很大的影响。

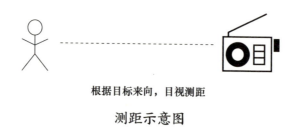

根据目标来向，目视测距

测距示意图

那么，怎么样才能准确地获知目标的位置呢？我们也可以找小伙伴。让小伙伴在其他的位置上注视那个目标，而我们也在自己的位置上注视那个目标，两个注视线直直的聚焦到目标上，这时有一个纵览全局的人就会说，他们都在看那个喇叭啊。对，两个线最终相交到了一个点上，由纵览全局的人实现了位置的精确获知。

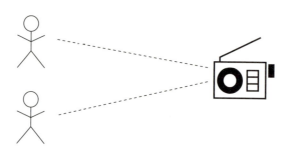

双来向，视线交汇，明确位置

交汇定位示意图

这就是无线电测向定位中最常用的双站交汇定位。交汇定位不过分依赖于当地的电磁传播环境，能够快速、准确地发现目标，是干扰查处、目标发现最常用、最便捷、最好用的重要手段。

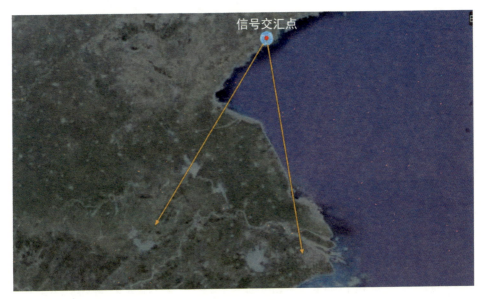

双站交汇定位

用频装备的体检员
——频谱参数检测

人们要定期去做体检,及时发现身体上的问题,辅以治疗手段来保持强健的体态。同样的道理,用频装备从出厂开始,随着使用频次的增加,会出现个别指标偶有下降的问题。这时,用频装备的体检员——频谱检测设备,就会利用自己强大的测量能力,将该用频装备的底数精细地检查一遍,细数出现问题的指标,形成决策,辅助用户单位对用频装备进行有针对性的维修和保养,使用频装备始终处于一个最优状态,始终保持用频装备随时可用、随时能用。常见的频谱参数检测应用场景如下图所示。

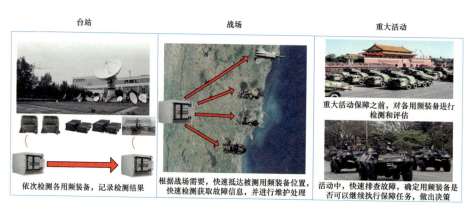

频谱参数检测应用场景

怎么样来描述用频装备的健康程度呢?用频装备分为两类,一类是发射装备,另一类是接收装备。发射装备一般多指干扰机、电台等,也包括跳频电台、数据链和捷变频雷达等新技术体制用频装备，检验发射装备是否满足指标的基本参数包括频率范围、频率容限、发射功率、发射带宽、频谱发射模板、邻道发射模板、杂散发射功率等。接收装备一般多指监测接收机、电台等，检验接收装备是否满足指标的基本参数包括参考灵敏度、频率范围、中频选择性、二阶互调截点、三阶互调截点、邻频道抑制、同频道抑制、互调抑制、杂散抑制等。针对这些参数的测量设计形成了一套完整的测量方法和指标体系，能够全面地描述用频装备当前所处的状态，达到体检的目的。

那么使用哪种工具来实现用频装备的体检呢？我们应该发现，想要检查用频装备的参数，就需要使用比用频装备参数指标要求更高的精密的仪器，因此频谱参数检测设备应运而生。一个典型的频谱参数检测设备组成如下图所示。

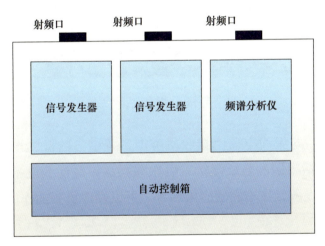

频谱参数检测设备组成

其中，设备包含两个信号发生器和频谱分析仪。信号发生器用于检测接收装备的频谱参数，由于接收装备不对外辐射信号，因此通过有目的的发射载波信号，或者相互协同发射二阶互调信号，对接收装备的特性进行检测；频谱分析仪则是用于对发射装备进行检测。频谱参数检测软件内置国家军用标准检测方法，利用自动控制箱、信号发生器、频谱分析仪（硬件）相结合，最终完成用频装备的自动化检测，并能给出检测结果和保养建议。典型的频谱分析仪界面如下图所示。

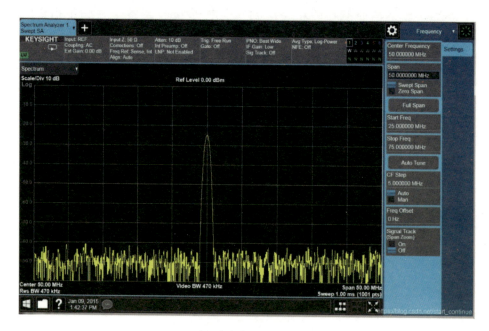

频谱分析仪界面

实际上，与无线电监测接收机类似，频谱参数检测设备也具有多种形态，包括频谱参数检测车、可搬移频谱参数检测设备和便携式频谱参数检测设备，在不同的应用场景，可以发挥重要的作用。

守护精彩生活

时刻保障？指尖上的生活

对于现代人类社会而言，手机已经成了生活中的必需品，它就像氧气一样，让人们无法割舍。那么手机是通过什么来帮助人们完成通信的呢？下面就一起来看看电磁学在实际通信中的应用。

手机信息传输

手机中有能够接收和发射电磁波的芯片，也正因如此，手机在能够发出电磁波的同时，还具备接收电磁波的能力。正是通过这样的发送和接收，让不在同一地点的人们实现了信息之间的相互交流，保证信息的快速共享。

蓝牙信息传输

纵观手机通信的发展历程，移动通信从 1G 发展到现在的 5G、6G，接下来探索移动通信背后的技术。当人们对着手机话筒说话时，声音会被麦克风接收到，然后借助 MEMS 传感器将声音信号转换成为数字信号，数字信号通过 0 和 1 来表示声音，手机内部的天线能够利用电磁波来传递声音信息。因此，只要能够将携带信息的电磁波传递到对方的手机上，就能够实现信息传输。

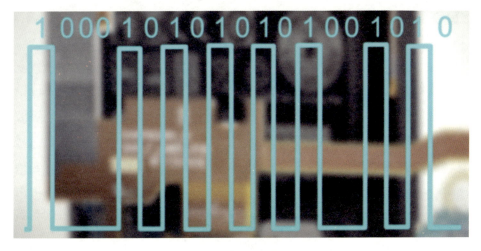

移动通信传输

但是由于物理对象、电气设备以及环境因素的影响,电磁波无法进行长距离传播,科研人员为了解决这一问题使用蜂窝技术引入蜂窝塔。在蜂窝技术中,将被选中的地理区域划分成六边形小区,在每个小区中拥有指定的蜂窝塔和频率槽,通常情况下利用光纤电缆可以实现蜂窝塔之间的连接,将光纤电缆铺设在地下或者海洋中,就可以实现国内甚至国际之间的通信链接。

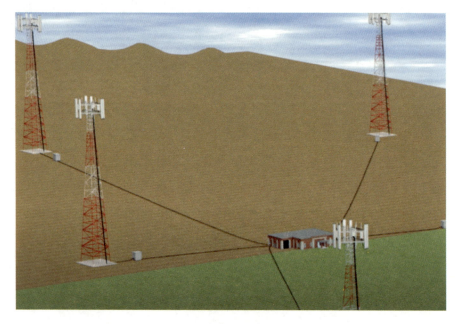

蜂窝通信

那么手机发送端的信号是如何传送到另一部手机的接收端实现信息交流的呢?当手机获取到信息之后会将其转换成为电磁波,电磁波会被信号塔接收并转换成为高频光脉冲,这些光脉冲会被传送到信号塔底部的基站收发箱中进行进一步的信号处理,信号处理后的语音信号将会被路由设备传送到目标塔,当目标塔接收到脉冲以后,通过电磁波的方式向外辐射电磁波,这样接收方就能够获取到手机信号,当对当前的手机信号进行处理以后就能够使得接收方获取发送方传递的信息。

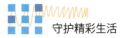

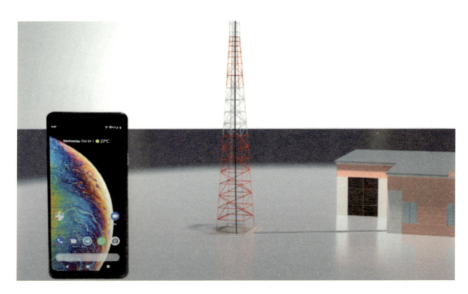

基站与手机通信

手机通信技术是在不断发展变化的，1G 时代使得手机用户能够在不连接电缆的情况下实现通信，但由于无线通信传输的时候使用的是模拟信号，容易受到外界环境干扰影响，导致 1G 时代的手机通信信号的语音质量和安全性较差；基于此在手机通信 2G 时代进行了改进和优化，通过数字多址技术提升了语音通信的质量，并增加了短信和 Web 预览功能；3G、4G 和现在的 5G 技术的推广应用，将通信速率和质量进行了大幅度的提升，同时 5G 时代还引入了增强型 MIMO 技术和毫米波，通过提供无缝连接，支持物联网应用，如无人驾驶以及智能家居等。

为 G20 峰会保驾护航

2016年9月4日G20峰会在杭州举办，会议期间通信保障组全面进入24小时应急保障状态，为G20峰会提供"全方位、无死角"的网络通信保障，提供包括有线网络、WiFi、全球眼等多项业务产品，以及多种通信应急方案。

应急通信指挥调度平台

为了能够保证峰会期间的正常通信，指挥体系被设计成扁平化，这样能够更加科学高效地完成通信任务。在杭州G20峰会期间，工信部成立了信息通信保障工作领导小组，由部领导亲自挂帅并下设六个

专项工作组,在峰会期间需要保障责任落实到岗、到人,构建跨区域、跨部门、全方位、立体化的工作机制。除了建立合理的通信保障管理体系,更是采用了最新的科学技术搭建集合卫星通信、4G移动通信、地面光缆通信"空天地"三位一体的立体保障体系,能够确保各种通信方式之间互为备份、护卫保护,从而达到峰会期间实现万无一失的通信目的。在此次杭州峰会期间,各国媒体都体验到了能够高速上网的快乐,新闻中心的WiFi服务用户也获得了良好的体验,网速更是被央视评价为历届G20最快,除此以外我国自行研制的北斗导航系统也被首次应用于峰会通信保障装备中。

"钱塘江潮起潮落,西子湖春去秋来",世界瞩目的G20杭州峰会背后,是依靠着一张十分强大的通信网络在支撑着峰会期间的正常通信。由中国电信担任主力军的"G20峰会通信保障攻坚战"的无声战役最终取得了全面胜利,在会议期间,中国电信投入了高达10亿元的专项保障基金,确保会议范围所涵盖的八大重点区域对应的170多个

G20峰会通信保障

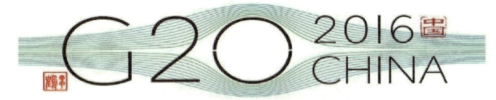

重要场所能够畅通无阻的进行信息交流。会议期间的指挥、交通、安保、媒体以及使团的顺畅同行，都离不开"保障军"在背后的默默付出。中国电信杭州分公司更是表示："我们整个团队始终以'最高标准、最快速度、最实作风、最佳效果'来要求自己，运用互联网+的方式，不仅完成了峰会的通信保障任务，同时在杭州迈向一线城市的道路上，杭州电信也与时俱进，主动助推杭州整个城市的信息化水平走在前列。"

在杭州 G20 峰会期间，给每个记者工位都配备了高速网络端口以及多个 WiFi 发射器，能够保障 5000 名记者对高速上网直播会议现场的需求。这个飞速网络来自中国电信特意为本次峰会在主会场国际博览中心搭建的可靠、先进的"有线+WiFi"网络，具备"双节点、双设备、双路由、双 40G 出口"的特点，为整个峰会期间的通信需求保驾护航。中国电信更是在新闻中心提供了"一桌一宽带、一桌一电话"以及统一认证的免费上网服务。

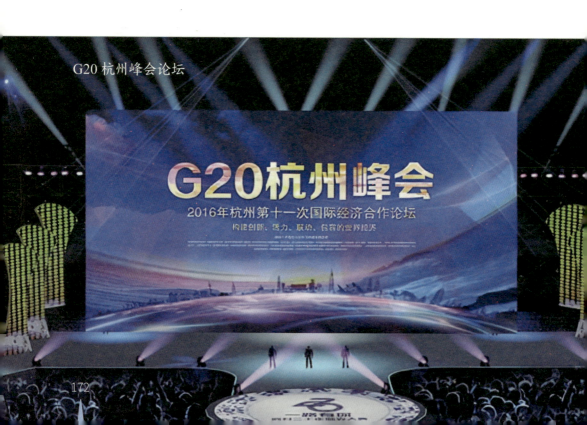

G20 杭州峰会论坛

面对如此大范围、全业务的通信保障需求，中国电信不负众望凭借"全业务、全覆盖、全天候"的通信保障能力，通过构建双路由以及三路由的接入网络体系，提供了全球眼、WiFi、天翼对讲、云堤等四大产品为核心的全系列业务保障，最终完美地完成了通信保障任务。俄罗斯总统通信先遣团给电信服务发来了感谢信："致敬电信优质高效的工作、高水准的专业性、精确性和礼貌、友善的态度。"在工业和信息化部党组的统一领导下，中国电信会议通信保障团队全力以赴，确保会议期间通信一切正常，为G20杭州峰会提供了稳定、高效的通信环境，并收到了国内外相关团体的一致好评。不仅如此，杭州的电信业务借助G20峰会的顺利举行，更是全面提升了城市的通信服务品质。

机场导航的频谱卫士

民航是交通运输中的重要行业，无线电的安全对于民航安全运营而言具有十分重要的作用，现代社会随着科技的飞速发展进步，各类无线电台广泛存在于人们的生产生活之中。乘坐飞机出行更是已经成为人们的常用交通方式，正因为如此更需要了解"看不见、摸不着"的无线电磁波。

在航空领域，频谱管理研究已经在航空导航、通信、监视以及气象等方面发挥了十分重要的作用，它能够为飞机的准确飞行提供很大

航空导航

帮助，能够保证飞机面向正确的目标方位、距离以及位置信息等实现自动驾驶和着陆。无线电管理部门负责管理无线电频率、无线电台站并维护空中电波秩序，一旦航空无线电受到干扰，就迫切需要无线电管理部门快速响应，帮助航空部门定位飞机并排除一切干扰，为航空无线电安全保驾护航。

我们国家一直对无线电管理极为重视，并形成了"依据无线电波传播的固有特性和国家经济建设发展的需要，必须实行集中统一领导"共识，基于此中央和地方成立了无线电管理委员会领导小组，主要在军队设立相应的办事机构，并对无线电台实行"少设严管"的政策。在改革开放以后随着社会经济水平的快速发展，无线电台数量持续增加，随之而来的无线电管理的发展需求也变得更加迫切。1993年9月11日《中华人民共和国无线电管理条例》（以下简称《条例》）由国务院和中央军委联合颁布施行。作为我国颁布的首个无线电管理行政法规，《条例》明确提出无线电管理实行"统一领导、统一规划、分工管理、分级负责"的原则，要求对无线电频谱资源实行"统一规划、合理开发、科学管理、有偿使用"，强调国家对无线电实行集中统一管理。

2020年7月7日，一架由青岛飞往成都的QW9771航班不仅成功实现了首航，更是作为我国第一架高速卫星互联网飞机，基于国内首颗高轨道高通量的通信卫星（中星16号），实现了我国民航史上的第一次空中直播。

这架飞机的成功执行任务不仅标志着高轨卫星的革命性技术突破，更表示着我国未来航班能够开启互联网飞机的新局面。以往的互联网飞机主要使用的是Ku频段卫星，但是此次飞行任务中使用的Ka频段卫星能够在口径相等的情况下，更少的接收到临近卫星的干扰，使得系统性能能够保持在较高的水平。互联网飞机的首飞成功，离不开我国无线电频谱管理体制的稳步发展，正是因为频谱资源的优化配置以及高效利用，才能够保障国家民航事业的安全稳定，做好无线电管理依法行政，加大在无线电频率、无线电台站的信号监测与监督检查力度，对提高无线电管理治理能力是十分重要的。

高速卫星互联网飞机

低小慢目标的黑飞管控

随着现代科技的飞速发展,越来越多的无人机走入人们生活的方方面面,涵盖航拍、测绘、救援及摄影等应用领域。随之而来的就是无人机应用面临大量的安全隐患,无人机的黑飞、乱飞现象对航空安全、大型活动秩序等产生了严重威胁。2017年4月,成都双流国际机场在不到两周的时间内受到了4次无人机干扰,这些干扰导致大量航班无法正常通行,上万名旅客被滞留在机场造成数千万元的损失。2022年2月,辽宁省公安厅机场公安局侦破了一起"黑飞"事件,涉案人员程某某在沈阳仙桃机场附近违规飞行无人机,并拍摄了大量的机场视频上传到网络空间,这一行为对沈阳机场进出港航班的飞行安全造成严重威胁。

反无人机示意

面对无人机的安全问题，市场上出现了越来越多能够提供对"低、小、慢"无人机飞行器实现低空管控方案的厂商。根据全球研究机构 Marketsand Markets 的研究数据分析，2024 年全球反无人机市场的规模将从 2018 年的 4.99 亿美元增长到 22.76 亿美元，2018 年至 2024 年期间的年复合增长率为 28.8%。与此同时，我国反无人机市场已进入快速发展期，国家正逐步加强构建无人机防御系统亚努，提升对"黑飞"无人机的管控和治理。

无人机防御系统主要利用频谱进行信号侦测、雷达探测、无线信号干扰等技术对无人机的"黑飞"情况进行管控防御，当无人机防御系统利用信号侦测技术对管控领域对应的无人机进行数据获取时，一旦发现非法入侵的无人机就会发送无线干扰信号，对"黑飞"无人机进行压制干扰从而使其降落或返航。

2021 年 10 月 28 日在深圳发布了《低慢小无人机探测反制系统通用要求》的团体标准，更加系统地阐述了低空安防领域多种无人机探测及反制技术标准规格，为国家技术法规建设提供有力依据。该团体标准中融合了 TDOA 无线电探测定位分系统、便携式无人机探测分系统、雷达探测分系统、无线电测向探测分系统、光电跟踪分系统等九大分系统，从系统组成、安全要求、试验方法、检验规则等多个维度定义具体要求，旨在发挥不同类型探测反制技术优势，综合利用多种监视手段和融合处理技术，提高反无人机市场的规范性，有效防范和遏止低慢小无人机"黑飞"行为。

TODA 是一种利用无线电信号到达发送接收时间差进行定位的方法，该技术使用分布式的射频传感器进行系统组网，从而构成一个针对无人机无线电信号的无源侦收、发现、识别、定位、跟踪、处置"六位一体"的闭环管理，能够对低空空域进行精细化利用，并能够为低空空域的管理提供有效的技术监管。

2020 年 10 月 15 日全球无人机应用及防控大会在北京举行，大会主题为"领航全域，展翼未来"。在大会论坛上，上海特金无线技术有

限公司提出一种 TDOA 城市级网格化无人机管控系统，为构建智慧城市的低空安全防护网提供了很好的解决方案。该系统采用分布式技术，能够支持大规模组网与大区域覆盖的情况，可以通过多台联网的无线电智慧感知设备形成低空感知网的基础网格单元，从而实现 7×24 小时的无人值守效果。利用超宽频谱扫描技术能够对城市中的无人机电磁信号进行实时监测，侦测范围能够覆盖主流厂商制作的无人机以及自制 DIY 的无人机。该系统将人工智能技术与大数据技术进行有效结合，能够快速识别无人机的特征信息，将获取到的信息与黑白名单进行比对从而实现对无人机的有效管控。

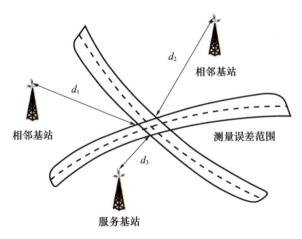

无人机定位

无人机管控

物联网带来的挑战

早在2008年美国发生次贷危机的时候,就引发了全球化的经济危机、能源危机,各个国家也开始通过技术创新的方式来积极应对这些挑战。美国、欧洲等世界各国纷纷提出了"智慧地球"和"物联网"的发展方式来作为新一轮经济快速增长的引擎。为了能够在新一轮的技术革新中占据领先地位,我国提出了"新一代信息通信开发技术"等战略,将物联网技术应用到人们生产生活的方方面面,而在实际应用开发过程中,无线电频谱资源也占据着十分重要的地位。但是我国对无线电频谱资源价值的利用并不是十分充分,稀缺的频谱资源已经成为物联网技术应用中需要面临的重大问题。

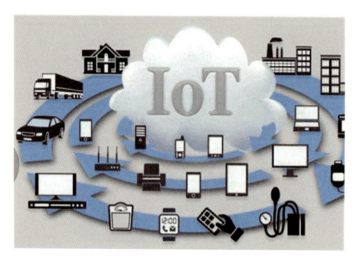

物联网示意图

我国已经将物联网的发展吸纳入国家新型战略性产业规划中,随之而来的就是物联网设备的市场规模已经逐年增加,这也给无线电管理工作带来了重大挑战。物联网的传统定义是通过无线射频识别装置、红外感应器、全球定位系统以及激光扫描器等信息传感设备,将物体接入到物联网或者是移动通信网络中,最终形成一种能够智能化识别、定位、监控和管理的网络。由此可知,物联网中所有的无线电设备都要使用频率资源,但由于频率资源是十分有限的,而无线电技术的应用空间是无限的,所以做好电磁频谱管理是很有必要的。

全球很多国家为了能够有效缓解频谱资源紧张的问题,已将频率分配政策由命令控制模式逐步转向市场化模式,我国一直采用的是国际通用的命令控制模式来对电磁频谱资源进行管理。目前在物联网的频率规划中主要存在以下三个问题:①尽快指定物联网的频率规划,满足飞速增长的物联网业务发展需求;②提高物联网的利用率,让频谱资源能够得到更有效的利用;③积极借鉴外国物联网频率资源管理政策,合理引入市场机制。

频谱拥塞

在做好频率资源管控工作的同时，还需要关注物联网设备管理的有关工作，随着各种物联网设备大量的涌入使用，有越来越多的用频产品开始广泛使用无线射频识别技术，比如我们常见的电子标签、智能卡、一卡通、门禁考勤以及停车识别等设备都在广泛使用。这些无线传感设备其实都是一个个无线电发射装置，以电子标签为例，当电子标签进入磁场后能够接收到读取器发出的射频信号，电子标签凭借感应电流获得的能量发送出芯片中对应的产品信息。由于电子标签被大量的投入到市场应用中，这就导致一旦生产的电子标签产品不符合要求的技术指标，就会导致不合格产品发射的无线电波不仅会干扰到自身，更会影响到其他合法业务中，严重的时候就会引发重大安全事故，因此做好物联网的频率监管工作是十分必要的。

物联网频率监管

由于全球频率资源稀少，所以在物联网频段中难免会出现与现有其他业务频段靠近或共用的情况。如果在相同时间相同地点使用大量的无线电设备，就会导致当无线电设备出现质量问题时，电磁环境会变得十分复杂。所以要尽可能防止无线电干扰情况，并在干扰产生的时候能够快速有效的监测到干扰源，及时解决干扰问题，维护好当前频段的电波秩序。

现代战争中的沉默杀手

神秘的美军电子靶场

电子靶场是为了适应军事领域内的信息系统和信息化武器装备的发展要求，提供近似实战的信息战环境而建立的安全试验平台。"电子靶场"系统，能真实模拟出复杂"敌情"。"靶场"（Range）的概念最早出现在美国军方的信息战（Information Operations，IO）描述中，从其字眼和出现场景可以看出，靶场至少存在"进攻"和"训练"两个基本属性。类似于射击训练的射击场，靶场应提供训练靶标、训练精度和进度的度量方法以及对训练结果的定量与定性分析评估等内容。有人曾这样将实战和试验场进行比喻，实战是"流血的作战实验室"，而试验场是"不流血的战场"。相比实战而言，试验无须流血，却更为复杂。这是一场没有硝烟的战争，虽然见不到刀光剑影、血雨腥风，但却能够将信息化武器装备淬火成钢，成为信息化战场上的利剑。

美军电子靶场编年史

美军电子靶场发展至今，经历了三个阶段。第一阶段是 21 世纪初期，针对单独的木马类攻击类武器建立的实物高逼真型靶标时期。在这一阶段，将敌方的靶标软硬件平台作为目标，尽可能建立逼真的目标平台，从而测试己方新研制的攻击武器是否能够成功的绕过敌方的防护软件。该时期的主要成果包括早期的蜜罐系统、木马测试系统等。

第二阶段是 2005 年开始的小型虚拟化互联网靶场时期，在该阶段的主流技术是云计算、软件定义网络等虚拟技术。在该阶段的主要目标是模拟真实的互联网攻防作战,并提供相应的虚拟环境。但当时,受到技术发展的限制,只能够模拟较小规模的互联网。该时期的主要成果包括:2005年美军联合参谋部组织建设的"联合信息作战靶场(JIOR)"、2009年美国国防部国防高级计划研究局牵头建立的"国家赛博靶场(NCR)"、2010年美军国防信息系统局组织建设的"国防部赛博安全靶场(CSR)"。

第三阶段是2014年开始的能够支撑泛在化网的大型虚实结合赛博空间靶场时期。在这个阶段中,"震网""火焰"等针对工控网的新型赛博攻击逐渐出现,美军开始研究虚实结合的靶场技术。根据美国空军协会《空军杂志》提供的情况,截止到2020年4月,美军已经完成对其本土和海外的共计三个靶场进行了现代化升级,使它们能够具备"真实-虚拟-构造"(LVC)能力。这三个靶场分别是内达华试训靶场(NTTR)、阿拉斯加靶场综合体(JPARC)和位于日本三泽基地附近的德劳恩靶场(Draughon Range)。

电子靶场发展阶段

美军靶场大揭秘

1)美国国家网络空间靶场

国家网络空间靶场(National Cyber Range,NCR)于2008年由美国国防部高级研究计划局(DAPRA)牵头主导建设,是开展网络攻击与防御有效性评估、网络武器有效性评估、网络部队训练、网络任务演习、网络战术/技术/过程(TTP)开发的基础设施。

NCR 使用多个独立安全级别的体系结构支持不同安全级别的多个并发测试，能够快速模拟复杂的具有作战代表性的网络环境，自动化高效率地支持复杂的网络活动，并能够清理与恢复环境到干净状态，通过支持开发、作战试验鉴定、信息保障、合规性、恶意软件分析等不同类型的活动，满足不同用户群测试、培训、研究的需求。NCR 主要组成元素包括基础设施、封装架构与操作流程、集成网络活动工具集、与 JIOR 和 JMETC 的安全连接以及一流的网络测试团队。

2）美国防部赛博安全靶场（IAR/CSR）

美国防部赛博安全靶场全称是 DoD Cyber Security Range（CSR），是美国国防部国防信息系统局组织建设的一个专门模拟仿真美军国防网络环境的测试与评估靶场。该靶场的前身是 2010 年美军组建的信息保障/计算机网络防御靶场（DoD IA/CND Range，IAR），后来根据使命任务及作战演训需要，以及 2014 年美军将"信息保障"重新定义为"赛博安全"，该靶场的名称也随之变更为美国国防部赛博安全靶场。IAR 靶场是一个基础架构平台，旨在将分布式和异构的信息保障体系结构系统和解决方案与国防部计算机网络防御操作层次结构进行集成。IAR 靶场为网络演习，技术和程序的测试和评估提供了一个联合服务环境，该环境反映了 DoD NetOps 1～3 层上的全球信息栅格的信息保障/计算机网络防御功能和网络服务，IAR 靶场 1～3 层典型的层级结构如下页图所示。

第 1 层——企业层：提供模拟仿真的全球骨干网、企业 CND 工具（HBSS，ArcSight，Sourcefire）、企业服务（防火墙，网络流量生成，带宽整形，虚拟主机设施（DECC 和 CDC））、虚拟互联网（Internet 访问点、虚拟 Internet）等。该层通过上述服务模拟仿真 GIG 的全球网络，包括位于全球的美军基地的国防信息基础设施节，包括各军种作战网络和军事卫星网、联合战术无线网络等。

第 2 层——组件层：提供特定的安全服务，如边界访问控制、安全隔离、安全防御等；提供海军区域网络、空军机载网络、陆军战术互联网等战区网络远程连接（隧道）到 IAR 靶场的网络通道、接口；在服务/组件级别对这些资源进行管理。

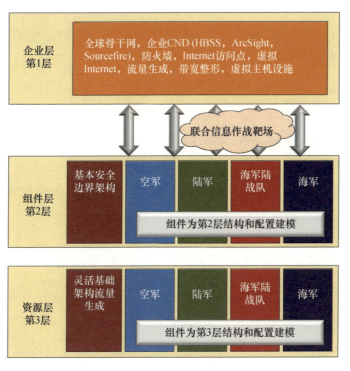

IAR 靶场层级结构

第 3 层——资源层：提供基础的网络架构，以及海量的主机设备等靶场资源。该层主要模拟的是 GIG 的战术网络，包括海军区域网子网、陆战队战术网、空军战术网、营区/哨所/兵站节点等大规模的节点。

3）太空靶场

据 INTELLIGENCE COMMUNITY NWES 网站 2020 年 5 月 4 日消息，美国 ManTech 公司推出"太空靶场"（Space Range）服务，可帮助政府和运营商寻找太空系统漏洞，避免关键设施遭受网络攻击。"太空靶场"可在虚拟空间中对太空系统实施网络攻击，以找出太空系统的薄弱环节和软件漏洞，并可使客户掌握预防和解决现实世界网络攻击能力。该系统面向美国卫星运营商和相关政府机构，旨在帮助美国军方、情报部门和商业航天资产免受恶意网络攻击。据资料显示，本质上"太空靶场"为虚拟、闭环、受控的卫星指挥与控制（C2）仿真环境。

具体而言，它通过建立的虚拟硬件复现卫星控制操作的虚拟环境，让红方在该仿真环境中实施攻击，以此发现隐藏的系统漏洞和软件缺陷，从而验证和保护太空系统的网络安全。作为一套针对卫星互联网的解决方案，"太空靶场"所瞄准的是一个新型领域的网络安全市场。在这场新风向中，SpaceX、OneWeb、亚马逊、苹果、O3b、韩国三星、波音等巨头都在布局。作为一套针对卫星互联网的解决方案，"太空靶场"所瞄准的是一个新兴领域的网络安全市场。在全球加紧备战太空的背景下，太空网络安全将成为各国关注的新焦点。

让试验训练"有效果有效率"——美军靶场升级

根据美国《2018年国防战略》要求，美国需要恢复战备状态，迫切需要保持一支能够击败大国侵略的军队。基于此，美军需要在能够代表大国威胁的环境中进行训练。以美国空军战斗机的飞行员为例，需要建立具有适当空域、威胁、目标和电子支援的靶场进行训练。而现阶段，美国空军训练场不具备为战斗机飞行员提供高级训练环境的能力，因此需要升级靶场来解决燃眉之急。为了对靶场进行全方位多角度的调整优化升级，需要从以下两个方面进行筹划：

1）加大对作战训练基础设施的投资

美国空军总部相关部门（AF/A3T）正在制定一项面向作战训练基础设置（OTI）的投资计划，该计划通过对某些具备条件的靶场进行升级来为战斗机飞行员提供高级训练环境。该项投资计划将目前平均分布给30多个靶场的资金，转变为集中对部分具备条件的靶场进行集中投资。AF/A3T部门基于2019年发布的靶场升级计划，列出了17个靶场进行优先升级，该举措能够有效提升负担主要作战任务的中队进入高级靶场的机会。

2）调整中队部署情况

一个基地中能够增加的中队数量主要是基于相关政策的考虑，例如，美军一个战斗机联队通常不超过四个中队，因此如果一个基地有四个以上的中队，需要提出应对的措施办法。增加基地中部署中队的数量，能够提高分布较好的基地的利用率。美军提高长期战备状态的最大增长点是整合靶场现代化计划和 F-35 的部署，在解决完 F-35 的问题后，次要任务是利用目前的基地态势和计划的靶场升级，尽量安排 F-22 中队进入高级训练靶场。

此外，美国空军制定分级训练战略，将较低水平的训练靶场用于满足基本训练要求，如训练箔条、干扰弹和航炮使用等科目。将 NTTR 这种升级后的靶场用于满足高级训练要求，参与大型演习训练。

目前，美军的靶场要么任务饱和，要么暂停开放，因此进行网络战和电子战测试及训练的机会非常有限，不具备可信的网络系统能力，无法为用户的常规使用提供支持，急需一个可重构的、真实的网络-动能交互环境和综合靶场。2019 年 11 月消息，美国空军研究实验室与新墨西哥州矿业理工学院签订"干盐湖电子攻击与网络环境"研发合同。该校将在 2026 年 10 月 7 日前完成网络电子战能力的定义、发展和部署，从而对网络电子战效应的研究、开发、评估、测试和训练提供支持。合同实质是为美国防部建立一个更真实、更庞大、更复杂的靶场，试验进攻性网络战与电子战武器，验证多域作战概念。

信息化武器装备的"人生大考"

对人类战争历史进行统计分析,能够发现随着科学技术和社会生产力的飞速发展,战争的形态及作战方式也随之不断发生变化。农业社会时期,从徒手战争转变为冷兵器战争,战争样式为单件兵器格斗;工业社会时期,从热兵器战争转变为机械化战争,战争样式为单个武器系统对抗;信息社会时期,作战样式转变为武器装备体系的整体对抗。以信息技术为基础的武器装备逐步向成巨大的整体作战能力,使武器装备对抗更具有体系特性,从单一火力对抗转变为包含火力、信息力和保障力等在内的武器装备体系的全面对抗。在信息社会时期,需要从体系的角度分析武器装备的发展状态,按体系思想进行武器装备体系的顶层设计,着眼于提高武器装备的总体质量、总体效能、总体效率和总体作战能力。研究分析武器装备体系应从追求单一武器高性能转变为追求整个体系的高效能,从注重火力数量转变为注重信息力质量。

信息化武器装备发展进程

现代战争中的沉默杀手

1905年日俄海战中,日本联合舰队与沙俄太平洋舰队在日本海域展开了一场大规模海战,日方先利用无线电侦察设备截获了俄方舰队的无线电电报,掌握了俄舰的作战动向,然后日军舰队在俄军舰队的航路上进行伏击,使俄军舰队全军覆没,日军大获全胜。

日俄海战

此次海战开启了高技术战争的时代,新型作战装备大量涌现,作战样式也变得更加丰富多彩,信息化战争直接影响着战争的形式和进程。20世纪20年代以后,雷达和无线电导航设备先后应用于战场,无线电通信也发展到了一个比较高的层次,逐步成为战役、战斗的重要保障手段。在这种情况下,正所谓"道高一尺,魔高一丈",电子欺骗、电子干扰等一些新型电子战样式随之出现。1941年12月,日军偷袭珍珠港时,一方面采取严格的电磁管制,另一方面命令海军电台向相反方向上的海军基地、舰艇拍发大量电报,这使美军无线电侦听人员产生了错觉,从而使日军成功偷袭珍珠港,美国太平洋舰队遭受重创,电子欺骗首次出现便发挥出巨大的威力。

电磁频谱管理：无形世界的守护者

偷袭珍珠港

2003年4月7日，美军方面收到相关情报称萨达姆和他的两个儿子匿身于某栋建筑物中，因此美军出动轰炸机，向该建筑物投下了4枚2000磅重的钻地炸弹。这架在空中巡逻的轰炸机在收到任务指令时，经核对坐标、准备武器，同时加上数架F-16CJ战机和EA-6B电子干扰机护航，该战机仅用了12分钟就将炸弹投放到了指定目标上方。

由此可见，电磁频谱管理的有效运用能够很大程度上提升作战能力，从而获取战争的胜利。回顾世界信息化战争的历史长河，能够发现信息在当代作战体系中具有十分重要的作用。伴随着信息技术的新军事变革在世界各国的发展有很大的不平衡性。主要表现是，各国推行新军事变革的进度不同，根据新军事变革启动得早晚和进展速度的快慢，可把世界各国分为四类。

第一类是美国。美国启动新军事变革最早，投入最大，进展最快。美国陆、海、空军武器装备的主体已实现信息化，初步建成信息时代的信息化武器装备体系，建立了较完备的全球性战略级、战役级和战术级军事信息系统。第二类主要有英、法、德、日等发达国家。这些国家追随美国启动了新军事变革。其陆海空军的单件武器装备也已基本实现信息化，但尚未建成信息化武器装备体系，尤其是未建成各级军事信息系统。第三类是俄罗斯。俄军武器装备的信息化程度较低，估计其信息化装备只占装备总量的20%。它虽然建立了一些战略级、战役级、战术级军事信息系统，但其完备程度和技术性能比美军低一个档次。第四类都是发展中国家。这些国家虽然也走上了新军事变革的道路，开始发展信息化武器装备，但其武器装备的信息化程度很低，其大部分武器装备依然是工业时代的机械化、半机械化装备，信息时代的信息化装备可能不到5%。我国正处于这个阶段，与发达国家特别是美国的差距还很大。为了跟上世界新军事革命的步伐，要努力建设我国信息化武器装备体系，使我国武器装备在未来一段时间得到持续健康发展。为了能够对我国的信息化武器装备体系进行建设开发，需要在如下图所示的各方面进行提升。

信息化武器装备待提升方面

（1）对武器装备进行通用化、系列化以及模块化的生产。武器装备建设过程中如果能够实现这"三化"，能够很大程度地缓解经费不足问题，并能够缩短武器装备的研制周期，保持高技术装备发展的势头，满足未来联合作战的需求。首先，"三化"建设通过研制基本型，采用"一机多用""一机多型""一弹多用"等发展思路，满足各军种的不同作战需要。同时也有助于国防工业企业对武器装备进行批量生产，提高其精密性的同时来降低武器装备的成本，避免生产规模小、成本高的武器装备。其次，"三化"建设可以缩短武器装备的研制周期并延长装备的使用装备，通过嵌入更高级别的技术模块，来增强现有武器装备的性能，从而提升武器装备的综合作战能力。再次，"三化"建设能够满足未来战争联合作战的需求，有助于军队之间信息互联，武器装备之间互补互用，简化武器装备的操作使用，缩短装备维护和修复时间，提升信息化武器装备的总体作战能力。

（2）优化武器装备体系结构，建立最佳配系。未来战争是多域联合战争，是信息化武器装备系统之间的对抗，这种系统之间的对抗要求武器装备的发展必须从强调几种主战装备，扩大为重视多种功能武器装备的协调发展，从单类武器装备的高性能，上升为提高武器装备体系的整体质量与效能。面对多域联合的战场状态，不能再一味单纯追求某类武器的发展或某项关键装备的发展，需要从整体系统的角度出发，对整个武器装备体系的作战能力进行提升。优化武器装备体系结构，建立最佳配系。在此过程中，要注意处理好"硬"与"软"、"攻"与"防"和"战"与"援"的关系。其中，"硬"与"软"的关系指的是火力系统与电子信息系统之间的关系，"攻"与"防"的关系指的是进攻性武器装备与防御型武器装备之间的关系，"战"与"援"的关系指的是主战装备与支援系统之间的关系。现阶段，随着新技术的飞速发展，世界各国正积极探索以最少的投入取得最佳效益的方法，我国也迫切需要紧跟时事，快速提升信息化武器装备的作战力量。

（3）武器装备的信息力亟待提升。在机械化战争的条件下，军队战斗力的主要技术由火力、机动力和防护力构成。其中，火力是最重要的因素，这主要是因为机械化战争打击力的提升主要依赖于火力的叠加。为此，在机械化战争时期主要通过提高武器装备的机械化程度和增加武器装备的数量来实现火力增强。而在信息化战争时期，军队战斗力的评估除了传统的火力、机动力和防护力等要素，还需要考虑信息力。通过多域联合作战的作战效果来看，信息力能够很大程度上影响军队战斗力，直接影响战争的结果。信息力建立在武器装备信息化的基础上，将由机械力建设为主导转向为信息化建设为主导，把提高武器装备的信息力建设作为武器装备发展中最重要的位置。信息能力主要包括目标侦查与反侦察能力、信息传输与反传输能力、指挥控制与对抗能力、精确制导与抗干扰能力，涉及隐形与反隐形技术、通信与干扰技术、决策与对抗技术、制导与反制导技术等。因此，在武器装备建设的基础上，要十分重视信息获取和反获取武器装备的研制工作，注重各种信息能力的全面提高，保证武器装备体系在功能上的完整性。

现阶段，海量的多源异构战场数据不断涌入，迫切需要将大数据处理和人工智能方法引入信息化武器装备中。在传统武器装备中加入人工智能技术能够很大程度地提高敌方目标识别准确度，增强我方武器装备的杀伤能力。目前，基于人工智能的武器装备已具备以下功能：自动目标探测识别和多传感器数据融合、具有智能抗干扰和电子对抗能力、具有实时预测评估战场态势和毁伤效果的能力、具有自主决策的能力、具有智能目标杀伤的能力等。

人工智能技术具备处理海量数据的能力，将其应用在信息化武器装备中能够得到惊人的效果。美国国防部在2017年成立了算法站跨智能小组，从大量的数据中提取对自己有用的信息。该小组实施了Project Maven项目，美军利用无人机采集了中东地区数千小时的视频，通过机器学习算法训练，可达到识别并跟踪目标的目的。在此基础上与海军陆战队的Minotaur系统有效联合起来，便可得到目标的实际位置。试验成功最终可应用到无人机搭载的相机上，能实现整个作战区域的侦查与跟踪。

在信息化武器装备中嵌入人工智能技术，能够使武器具备自主决策的功能。美国辛辛那提大学编制了"阿尔法"程序在空战模拟作战中打败了人类飞行员，空军计划在新的 F-16 战机上加载该功能，可给飞行员提供更多的战术选择、武器管理等功能。除此以外，人工智能技术还能够大幅提升信息化武器装备的单兵作战能力，在适用单兵和小规模作战的场合也能够取得良好的作战效果。单兵智能作战系统能够将士兵的侦查和攻击范围提升，并能够增强士兵之间的交流沟通能力，从而充分发挥团队作战能力。美军现已开始研发下一代单兵系统——塔罗斯，这是一种轻型的战术作战服，使士兵轻装上阵，可扩大士兵的移动和侦查范围。俄罗斯也开发了单兵作战系统——战士 -3，具备自动瞄准功能，提升士兵力量，并能与团队指挥系统沟通作战。法国开发了 FELIN 单兵作战系统，该系统可将数名士兵的摄像头等侦查装备汇总至作战指挥系统中，可实时观察战场态势，并根据战场变化及时更新战术。

第二次纳卡战争的电磁频谱争夺

电磁频谱战是指使用电磁辐射能控制电磁作战环境,保护己方人员、设施、设备或攻击敌人,在电磁频谱域有效完成任务的军事行动。电磁频谱是电磁空间内所有涉频行动依赖的战略资源,是连接陆海空天网跨域协同作战的纽带,是信息化战争之魂。纳戈尔诺-卡拉巴赫战争(以下简称纳卡战争)始于 2020 年 9 月 27 日,阿塞拜疆和亚美尼亚双方在纳卡地区进行了激烈交战。11 月 10 日,双方签署停火协议,阿塞拜疆获胜。在此次战争中,亚阿双方动用了包括坦克、装甲车辆、自行/牵引火炮、远程火箭炮、战术弹道导弹等传统武器装备,但对战争进程影响最大的且最令人关注是无人机的应用。

此次纳卡战争的交战双方使用了大量的无人机。在阿塞拜疆方面采用的无人机型号涵盖贝拉克塔 TB2、哈洛普反辐射无人机以及天空打击者等多种无人机类型,其中贝拉克塔 TB2 和哈洛普在作战过程中发挥了巨大的作用。TB2 无人机是有土耳其军团斥巨资打造的一款中型察打一体无人机,它的体积较大,具有每小时最低 220 千米的飞行速度,滞空时间更是高达 24 小时。

在作战双方使用无人机进行战斗的时候,包含很多作战样式:攻击敌防空体系、摧毁敌地面武装、实施情报侦察监视、打击重要基础设施、充当诱饵、实施斩首、实施威慑等。在作战过程中,可采取多种作战样式来获取战斗的胜利。比如,在纳卡战争开展之初,阿塞拜疆军团首先出动了贝拉克塔 TB2 以及哈洛普反辐射无人机对亚美尼亚

电磁频谱管理：无形世界的守护者

的防空系统展开了激烈的攻击。此次大规模密集的无人机攻击，使得阿塞拜疆军团不仅摧毁了亚美尼亚一部俄制 S-300 的防空系统雷达，而且成功打击了亚美尼亚军团的防空导弹雷达及无人机干扰系统。这项作战指挥，使得阿塞拜疆基本获得了对纳卡地区的制空权，也在一定程度上推动了战争的进程。

在阿塞拜疆成功对亚美尼亚防空体系实施了压制干扰以后，阿塞拜疆军团就开始对亚美尼亚的装甲车辆、火炮、后勤车辆以及集结地阵地等展开袭击。对于亚美尼亚军而言，失去了机动防空力量的防护之后，装甲及炮兵部队就已经完全暴露在阿塞拜疆军团的眼皮子下面。根据阿塞拜疆在作战过程中的视频记录及统计，亚美尼亚部队损失了 185 辆坦克、89 辆装甲车、182 门火炮等多部武器装备。

在整个作战期间，阿塞拜疆军团一直占据着有力的空中区域，对亚美尼亚地面部队进行近乎 360° 无死角的监管，战争后期，阿塞拜疆军团甚至直接通过操纵无人机，对亚美尼亚地面部队的士兵进行攻击，这导致亚美尼亚部队产生了大量的技术装备以及有生力量的损失，很大程度削减了亚美尼亚军团的作战能力。对于拥有了无人机作战军团

TB2 无人机

的阿塞拜疆而言，就仿佛开了"天眼"，能够调动无人机对亚美尼亚的公路、桥梁等重要的交通枢纽进行打击，使得亚美尼亚军队缺少作战后勤补给，使得亚军地面部队陷入因缺少燃料、弹药以及粮食的"既不能打，又不能走"的困境之中。

由于阿塞拜疆和亚美尼亚两国的空中规模有限，主力的武器装备都比较老旧，在这种情况下是很难进行传统意义上的空中对抗，所以作战双方都在战场中投放了大量的无人机进行战斗，也正因如此才使得本次冲突变成了第一次大规模使用无人机进行作战的战争。根据俄罗斯战略与技术分析中心主任普霍夫透露出来的消息，基本可以判断出来，这次战争对于阿塞拜疆而言志在必得，阿塞拜疆方前期已经进行了大量的准备，并非临时起意。

开战第一天的时候，阿塞拜疆就摧毁了亚美尼亚大量的火炮力量，如此异于常规作战的规划，是经过了前期大量的侦查分析，并集中火力打击的效果。从后续开展以后，亚美尼亚方面的反应能够发现，他们在开战第一天就已经被阿塞拜疆打懵，后续的反攻也是无济于事，以至于在战争的最后，亚美尼亚不得不接受对方苛刻的停战条件。在

无人机火力攻击

如今国际战争中,都是信息化和政治的共同较量,一旦战败,后果十分严重。而对于取得战争顺利的一方而言,这样的战争能够让其无论内外都得到国际上其他国家的认可,很大程度的提升战胜方的国际地位。

此次纳卡战争,阿塞拜疆方获得的胜利与他们多年的卧薪尝胆密不可分。近几年,阿方在保证经济稳定增长的同时,丝毫没有放松军事领域的投入。虽然就战士的战斗力而言,阿塞拜疆方明显弱于亚美尼亚军队,但是通过武器装备的不断进步,阿塞拜疆的武装力量在飞速增长。亚美尼亚之前的军事统领虽然在努力增强本国的军队作战能力,但是后期随着政局的不断变化,新政府的很多做法令俄方十分不满。这也导致在第二次纳卡战争来临之际,亚美尼亚军队不能够获得周边国家的鼎力支持。

无人机

俄罗斯方面对本次纳卡战争进行了如下总结:"在有充分后备和动员方力量前提下的有效先发制人打击。"如今,俄罗斯军队在进行军事

演习的时候，也在不断强化这一点，正因俄军的不断进步，才让西方各国对俄罗斯战斗军权颇为忌惮。从此次纳卡战争不难看出，军事武装力量作为强国之本在任何时候都不能够给别人可乘之机，需要不断提升军队的战斗力，以备不时之需。并且本次战争中阿塞拜疆的胜利更是体现了先发制人的必要性，要让对方措手不及，难以应对，才能够速战速决取得最终胜利。要通过分析和总结他国的战争胜利经验来提升我国军事作战力量。

俄乌战争的启示

俄乌战争已经持续了很久,一直被看作是"钢铁洪流"的俄罗斯军团,没能够实现"速战速决"。而在开战初期就不被看好的乌克兰军团也没有"速败",而是将这场战争逐渐演变成了一种十分焦灼的形势。这场战争在时间维度上的跨度,已经远远超过世界各国对它的预期。

俄乌战争

回顾现阶段该战争的进展情况,能够发现对于俄罗斯军团而言,在战略上的一大教训就是要慎用军事手段。俄罗斯在这场战争中的开局太过轻率,"兵者不祥之器,不得已而用之",一定不要通过暴力的手段让对方屈服于自己意志。战争作为一种暴力的政治手段,为了国家的长远发展考虑,最好还是不要轻易使用。毕竟自古以来,战争就一直是劳民伤财的代表，并且战争的结局是十分难以推测的。一旦战争失败，对于国家政权而言，带来的打击几乎是毁灭性的，回顾满满的历史长河，在越南战争结束前夕，参战方美国的政治、经济和文化都变得混乱不堪，这也导致了整个国家缺失了大量的公信力，人们不再信任和支持政府的决策，整个国家都陷入混乱的状态之中。

将如今俄乌战争的参战方俄罗斯与越南战争时期的美国进行对比，不难看出俄罗斯方面如今的形势远不及当时的美国，这主要是因为俄罗斯在战争中已经进入了一个怪圈，整场战争已经是即便参战方想要结束却也无能为力的状况。

乌克兰军事行动

在这场战争中，俄罗斯现阶段最大的问题就是将战争的时间拖得太久，对于任何一个想要通过战争来解决问题的国家，在战争开始前都需要明确是否有能力将敌军一举拿下，能否承担得了战争对自己国家带来的风险，如若不然，就不要妄自挑动战争。并且，一旦十分明确要进行战斗，那么就要拼尽全力，以最快的速度达到自己的目的，火速结束战斗，绝对不要无限制地拉长战斗的时间轴，将国家大量的人力财力物力都消磨在战争中，阻碍国家的经济建设发展。

汲取现阶段俄乌战争的作战经验，我国更要居安思危，加强国防建设，推动军事力量发展进步永不停歇。中国的近代史，就是列强国家用一个个不平等条约将中国雄狮困住的历史。无数的历史事实已经表明，一个国家的经济发展固然重要，但如果只顾发展经济建设，却忽略军队建设，这会导致这个国家没有反击的力量，最终只会被其他国家肆意欺负，掠夺财产。

多年来，我国在军事建设上丝毫没有放松，在大力发展经济建设的同时，也在同步推进军事力量的建设。正是我们国家的飞速发展，导致西方各国开始坐不住板凳，想要从各方面打压我们的进步。其中最明显的就是美国开始带动"中国威胁论"，企图通过和其他西方各国联合起来对我国经济建设、科技发展进行打压，近几年来美国对中兴、华为等我国新兴技术产业的不断打压，就足以说明问题。

军事作战行动

未来遐想 |

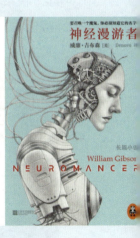

赛博空间：二次元世界的终极进化

"赛博空间"（Cyberspace）是加拿大作家威廉·吉布森在1982年发表于"Omni"杂志的短篇小说《全息玫瑰碎片》中首次创造出来，并在其于1984年发表的小说《神经漫游者》中被普及。

此后不久，这个词语就超出科幻小说领域，在有关计算机和信息技术的领域中流行起来，并进一步进入到文化研究与分析领域之中。赛博空间这个词语由"Cyber"（汉语音译为"赛博"）和表示"空间"的"Space"两个词构成。"Cyber"在希腊语里的意思是舵手、驾驶者，在现代被运用于自动控制、信息通信和计算机技术领域中，将它与"空间"联系起来，其基本含义是指由计算机和现代通信技术所创造的，与真实的现实空间不同的网际空间或虚拟空间。

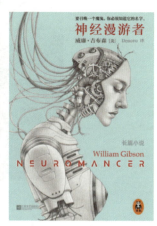

作家威廉·吉布森与他的作品

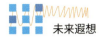

网际空间或虚拟空间是由图像、声音、文字、符号等所构成的一个巨大的"人造世界"。它由遍布全世界的计算机和通信网络所创造与支撑。当初吉布森创造"赛博空间"这个词语的灵感,来自青少年面对大型电子游戏机中二次元世界出神入迷的景象,以及计算机荧光屏中真实空间对感官的刺激。不过,吉布森本人并不十分懂得计算机技术,他那部石破天惊的科幻小说《神经漫游者》是用老师的手动打字机打出来的,但是他相信在那些计算机屏幕上的电子游戏背后,存在着某种真实的空间,虽然看不见,却存在着。

当人们沉浸在模拟真实世界的虚拟时代系统之中,即由计算机生成的三维虚拟世界之中时,就进入和沉浸在了赛博空间之中。在《神经漫游者》中,赛博空间就是那种交感幻觉,它是存在于计算机屏幕背后的一个空间,其联系是在计算机网络的母体内进行的,它存在于那个世界之中,人们在创造他时,便把自己的神经系统直接记录进了计算机网络,从而增加了心灵与母体的亲密关系。

然而,吉布森所说的三维空间实际上很难与物理学或地理学意义上真实的三维空间概念相提并论,而应该从"电子虚拟"或"超空间"方面去理解和把握它。虚拟的世界是非现实的,但在感官感受的效果上又是真实的,所以赛博空间既是虚拟的,又是真实的;虚拟是相对于现实的三维空间而言,真实是相对于我们的感官感受而言。我们可以进入到这个特殊的虚拟的真实空间里,与它发生互动关系,在其中穿越物理和地理意义上的时间与空间,甚至穿越历史和现实、过去和未来。现代计算机游戏就是将这种虚拟的真实空间变为现实的一个例证。按照斯泰西·吉利斯在《赛博批评》中的说法,这种新空间涉及一种新的虚拟社群和赛博文化的电子地理学。

"赛博空间"破坏了隐喻和真实之间的符号距离,通过呈现一种日益真实的仿真现实而抛弃了真实信息,在赛博空间中丧失了它的实体性。计算机和电子信息技术在全球的广泛运用导致了一系列前所未有的伦理学和政治学问题,引发了对人类性质和主体性问题的关注。他们与文化研究中的社群理论、权力、边界、控制和民主等问题密切相关，例如，吉利斯认为，伴随着计算机和信息技术出现的所谓"后人类"（Post Human），标志着西方人本主义传统中具有自主理性之主体的分裂和终结，即"主体不仅在与自己的关系上非中心化了，而且也在与世界的关系上非中心化了"。"赛博空间"把主体定位在虚拟现实地图的多个点之上，赛博文化则利用交互式网络的一个网页把这种无主体的主体捕捉住了，并取消了它的自主性。技术已经把呈现真实的技术扩展和完善到了这样的地步，以致真实的本体地位已经招致了大规模的怀疑，个人主义的学说也在赛博空间的网络中丧失了。吉利斯还认为，当代社会向"后人类"的转移实际上是从有序向混乱的转变，而在赛博空间所涉及的身体与技术的关系之中，人类的身份问题已不复存在。与此相应，当代文化研究领域里，出现了赛博文化这个新的分支，它所涉及的问题包括赛博空间、技术文化、虚拟社群、虚拟现实、虚拟身份、虚拟空间、半机器人、控制论、电脑化身体、景象、仿真和拟像等。赛博文化存在于多维的虚拟现实之中，这些现实受制于全球化的网络，由计算机维系、存取或生成。

网络技术一经出现，便以惊人的速度发展，并朝网络与电磁融合的方向快速迈进，极大地拓展了人类活动的物理空间。2006年新版美军《联合信息作战条令》写道："由于无线电网络化的不断扩展及计算机与射频通信的整合，使计算机网络战与电子战行动、能力之间已无明确界限。"

区区50多年历史的网络，以超乎想象的速度在全球推广，成为承载政治、军事、经济、文化的全新空间。特别是随着"网络中心战""智慧地球"的不断推进，物联网、激光通信、太空互联网、全球信息栅格、云计算技术的发展，使网络与电磁空间融为一体，使网络成为影响社会稳定、国家安全、经济发展和文化传播的重要平台。当前，业已实现了网络信息层与电磁能量层融合的空间，再一次向认知层和社会层伸出了触角，逐渐形成涵盖物理、信息、认知和社会四域

的第五维空间，即泛在的网络电磁空间。

进入21世纪，美国政府和军队把"赛博空间"纳入视野，不断深化认识和理解，形成了"赛博空间""是信息环境中的一个全球域，由相互关联的信息技术基础设施网络构成，这些网络包括国际互联网、电信网、计算机系统以及嵌入式处理器和控制器。通常还包括影响人们交流的虚拟心理环境"的基本定义，完成了从抽象到具体、从单纯虚拟空间到物理、信息、认识、社会多维空间的认识转变。

一位美国学者曾指出："21世纪掌握制网络权与19世纪掌握制海权、20世纪掌握制空权一样具有决定意义。"世人在对网络电磁空间的依赖快步攀升的同时，网络电磁空间给社会和国家安全造成威胁和风险已成为严峻挑战。

能否抵御"蜂群"的狂轰滥炸？

2008年，"俄格冲突"期间，格鲁吉亚政府网络遭受"蜂群"式网络拒绝服务攻击，造成长时间网瘫，开创了国家间网络攻防的先河。对于信息技术发展较为滞后的国家，采用信息产业大国的技术和产品在所难免，但由此带来的安全隐患却十分严重，战时，一旦面对数以万计"蜂群"的狂轰滥炸，能否保持信息基础设施的正常运行，将是网络电磁空间安防面临的重大挑战。

能否抗拒"震网"的强烈震颤？

2010年，以西门子数据采集与监控系统为攻击目标的"震网"病毒神秘出现，伊朗境内包括布什尔核电站在内的五个工业基础设施遭到攻击，成为运用网电手段攻击国家电力能源等关键基础设施的先例。当前，不少国家金融、能源、交通、电力等关键业务网络已基本实现信息化、网络化，但防护手段还不尽完善，能够"震颤"攻击伊朗核设施的病毒，同样也可以"震颤"攻击这些国家工业系统中的相关控制与采集系统，国家重要的战略网面临着平时被控、战时被瘫的巨大风险。

电磁频谱管理：无形世界的守护者

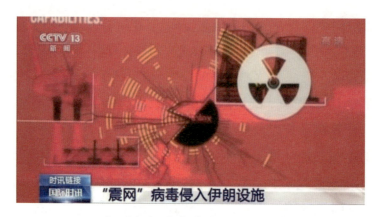

CCTV13 报道伊朗境内遭受"震网病毒"攻击

能否防范"维基揭秘"的困扰？

2010年，传奇人物阿桑奇的"维基揭秘"网站公开了25万份美国外交文件，掀起了网络电磁空间新一轮信息传播和情报泄露的狂潮，美国陷入"外交9·11"的恐怖泥潭。"维基揭秘"又成了中东、北非政局动荡的导火索。据悉，一些大国以本土为中心，依托海外基地和太空卫星等，大力构建全球组网、远程操控的网络空间作战体系，以有关国家军政主要网络为目标，大肆进行窃密活动，致使网络环境面临越来越严重的安全挑战。

美国因"维基揭秘"陷入"外交9·11"

综上所述,当前网络电磁空间信息存在的透明性、传播的裂变性、真伪的混杂性、网控的滞后性,使得网络管控面临前所未有的挑战。网络战场全球化、网络攻防常态化、网络攻心白热化等突出特点,使得科学高效地管控电磁网络空间、如何占领第五维空间战略博弈的制高点等,成为亟待解决的重大课题。

电磁频谱战：异度空间的枪声

《电磁频谱战结构视图》报告中表示："电磁频谱战是指使用电磁辐射能以控制电磁作战环境，保护己方人员、设施、设备或攻击敌人在电磁频谱域有效完成任务的军事行动，主要包括电磁频谱攻击、电磁频谱利用和电磁频谱防护。"而在随后发布的《电波制胜：重拾美国在电磁频谱领域的主宰地位》中，将这个概念升级为："电磁频谱战主要指在电磁频谱领域内执行的通信、传感、电子战和频谱管理等所有行动，最关键的能力是对电磁频谱的态势感知、利用、攻击和防御。简单来说，电磁频谱战就是电磁频谱领域包括通信、传感、电子战和频谱管理等在内的所有军事行动的有机集成。"

电磁频谱战的理论，是由传统电子战、频谱战理论上的逐渐演化并完善而成。在这三种概念中，电子战是起源最久远、定义最明确的一种概念。在美国各军种联合作战条令《JP3-13.1：电子战》中。电子战是指利用电磁能和定向能来控制电磁频谱或攻击敌人的军事行动，包括三种功能：电子攻击（EA）、电子防护（EP）和电子战支援（ES）。电子攻击是使用电磁能等武器攻击敌方战斗力量的一种火力形式，电子防护是保护己方减少或消除敌方的电磁伤害，电子战支援是在指挥人员的控制下识别标定敌方的电磁威胁并采取行动。2020年，美军公布JP3-85《联合电磁频谱行动》条令，用电磁代替众多电子相关的概念，同时增加了"电磁频谱作战""电磁频谱优势"等新术语。

频谱战概念是美国国防部在2013年提出的新型作战概念，是指将以电磁攻防为主要手段的赛博战与传统电子战相互融合的作战方法。在这之后，美军开展赛博电磁活动（CEMA），以实现电子战、赛博战、电磁频谱运作（EMSO）领域融合，美海军作战部长阐述有关赛博空间与电磁频谱、赛博战与电子战融合的理念。

美军认为，电磁频谱既是一种不可或缺、无法替代的核心战略资源，也是稀缺资源，控制了电磁频谱就等于控制了战场态势。2013年版的《电磁频谱战略》对电磁频谱的重要性进行阐述，电磁频谱将贯穿于其他所有域，确保在所有这些域内的任务执行，进而确保总体作战优势。2016年10月，美军参谋长联席会议发布《JDN 3-16：联合电磁频谱作战》文件。该文件是一个承上启下的过渡性文件，可视作是《JP 3-13.1：电子战》条令的后续完善与改进，也可以视作是《JP 3-85：联合电磁频谱作战》条令的征集意见稿。该文件已经具备了《JP 3-85：联合电磁频谱作战》条令的完整架构，主要体现在已经构建起了"电磁攻击、电磁防护、电磁利用、电磁管理"四位一体的作战体系；已经构建起了从电磁频谱作战规划到执行的相对比较完备的电磁频谱作战OODA闭环。

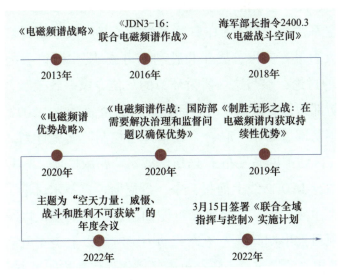

美军电磁频谱作战相关条令发布情况

2018年10月5日，美国海军部长签发了《海军部长指令（SECNAVINST）2400.3：电磁战斗空间》指令，该指令明确提出了"电磁战斗空间（EMBS）"的概念。2019年，美国空军发布了《条令附录3-51：电磁战与电磁频谱作战》文件，将"电子战"这一术语正式替换为"电磁战"，且最终被《JP 3-85：联合电磁频谱作战》条令、《国防部军事及相关术语词典》（2020年6月版）所采纳。2019年11月，美国战略与预算评估中心（CSBA）发布了《制胜无形之战：在电磁频谱内获取持续性优势》的研究报告，报告明确给出建议"将电磁频谱视作一个作战域"。2020年10月，美国国防部发布《电磁频谱优势战略》。充分体现了"联合电磁频谱作战"在获取"电磁频谱优势"方面的重要作用。同一时间，美军参谋长联席会议发布的《JP 3-85：联合电磁频谱作战》条令也明确指出"在电磁频谱内的机动和行动自由对于美国和多国的作战行动至关重要"。此外，2020年12月，美国政府审计署（GAO）发布了《电磁频谱作战：国防部需要解决治理和监督问题以确保优势》研究报告，该报告主要从六个方面指出了目前美军电磁频谱作战领域面临的挑战与存在的问题。

针对美军联合全域指挥与控制（JADC2）话题，2022年3月2~4日，美国空军协会（AFA）在奥兰多举办了年度战争研讨会，会议主题是"空天力量：威慑、战斗和胜利不可或缺"，研讨会上进行了关于JADC2的讨论，参与这一研讨环节的三位专家一致表示，JADC2则是美国国防部为拥有未来作战空间而进行的全面努力。2022年3月15日，美国国防部签署了"联合全域指挥与控制"实施计划。同日，美国国防部在国防部网站发布了JADC2战略非密版摘要。3月18日，在五角大楼举行JADC2线上简报会中，丹尼斯·克莱尔讨论了与JADC2相关的多个主题，包括预算紧张可能如何影响其演变，以及国防部领导如何在项目推出期间优先考虑劳动力影响。以上美军电磁频谱作战相关条令及报告的发布，为争夺电磁频谱作战优势指明了方向。

美军致力于深刻理解新兴电磁频谱作战概念，并将电磁频谱战从概念转化为能力，开发了一系列电磁频谱作战系统与项目，将电磁频谱应用于通信、态势感知、军事行动等，并取得相关突破和长足进展。

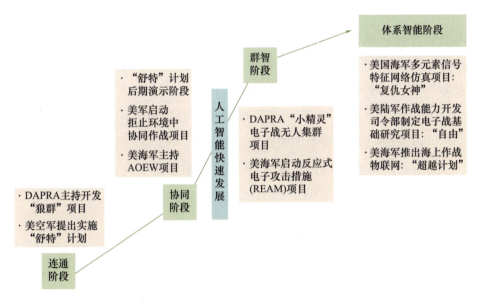

美军开展多项电磁频谱战项目

为强调空中部署、地基、近距离、分布式、网络化架构，以获得电磁频谱优势。DARPA 于 2000 年采用四阶段方法主持并开发了"狼群"电子战项目。2001 年，美国国防部在《网络中心站》报告中首次提到"舒特"计划，该计划被称为实现"从传感器到射手一体化网络作战"的关键步骤。2002 年 11 月，美国《航空周刊和空间技术》杂志首次公开揭示了"舒特"计划的存在。近年来，通过演习和实验，"舒特"系统的主要能力得到实际检验并不断改进和提升。

2014 年，美军启动"拒止环境中协同作战"（CODE）项目，旨在研发先进的无人自主协同算法和任务控制技术以增强无人机系统在拒止环境的作战能力，同时降低对操作人员的要求。2014 年 8 月，美国海军先进舷外电子战（AOEW）项目开始招标，AOEW 将提供区域防御能力以支持舰队作战，以实现更具欺骗性的作战效能。同年 10 月，美国海军批准了"电磁机动战"（EMW）作战方案。2015 年 9 月，

DARPA发布"小精灵"电子战无人机项目征集书,旨在开发一种小型、网络化、集群作战电子战无人机。"小精灵"是第一个将"网络化""电子战"要素发挥到极致的项目。为开发信号探测和分类技术,识别敏捷雷达威胁,并改造DARPA的"自适应雷达对抗(ARC)"项目的机器学习算法,支持电子战支援、电子攻击能力,美国海军未来海军能力(FNC)项目于2016年启动了"反应式电子攻击措施"(REAM)项目,自2018年以来该项目更是针对机器学习算法、相关软件套件以及应用等开展了相关研究。

面对动荡不安的国际局势,军事技术是国家与军队争夺电磁空间主动权的关键,在军事演练和实际战争中,具备大规模先进频谱作战技术的一方往往取得巨大的战场优势。

当然,我国在电磁频谱作战领域也开展了大量研究,制定了相关的权威性战略文件,在以争夺电磁频谱资源为制胜因素的新战场形势下,指导我军发展相应技术和装备,提升电磁频谱域作战能力。同时,我军成功展开一系列项目的研制,夯实了面向未来战场电磁频谱体系对抗的作战基础。总体而言,在电磁频谱作战领域,国内研究起步较晚,相关技术与美军相比呈现总体落后的局面,但相关战略文件相继问世,部分相关新兴技术成效初显。2018年,针对电磁频谱域联合作战的战略构想,国防科技大学发布了《电子对抗制胜机理》权威性战略,描述了实现电磁频谱优势的四大步骤,即聚优谋势、多元集成、精确释能与多域显效。面向电磁频谱域联合作战的战争体系构想,我军出台了两个与之相关的作战概念,即国务院《2002年中国的国防》白皮书推出的"网电一体战",以及2018年首次公开的"信息火力一体战"。这两个概念均侧重于取得电磁频谱作战优势,但同时也反映了在我军的理论中,电子战与通信和感知是分离的,而在美军的理论中,这些能力都是电磁频谱作战(EMSO)的组成部分,并通过电磁战斗管理(EMBM)进行整合。可以看出,我军针对电磁频谱域与其他领域结合的战争体系构想缺乏较为完善的整体管理标准以及全环

节运行框架机制，针对多域融合的电磁作战体系仍然需要探索其内在关键机理。

国内针对电磁频谱作战的研究多数集中于军用领域，主要表现为以下特点：国内针对电磁作战力量管理的研究在理论上呈现体系化，但电磁频谱域作战模型多数立足于与特定电磁任务的结合，考虑的电磁力量协同作战环境要素特异性较强，难以保障在未知环境下的体系化联合作战能力；我国重视信息在电磁频谱体系对抗中的关键影响，构建了以电磁频谱域为基石的多域联合作战体系框架，但缺乏指导全域要素高效协同运行的整体管理标准和运行机制。

总的来说，现代化战争对信息具有很强的依赖性，电磁频谱作为信息传递的载体，其在现代化战争中将起到决定性作用。尽管电磁频谱战中仍有许多问题需要解决，但作为现代化战争的发展方向，各国都在快马加鞭的进行电磁空间的研究。可预见的是，在不远的将来，电磁频谱作战必将颠覆传统作战模式，成为战争的胜负手。

决胜"灰色地带":低零功率对抗

所谓的"灰色地带"是指一种介于战争与和平之间的广泛状态。国家和非国家行为体会在试图压迫对手的同时,尽量避免进行广泛、持续的军事活动。在灰色地带的冲突中,目标不是要直接击败敌人并控制拥有的领土,而是要在"安全困境"中逐步通过降低对手的安全来提高自己的安全。一般来讲,在灰色地带冲突中,行动者的首要目标是将自己塑造为斗争的胜利者(例如,真主党在 2006 年 7 月战争中对以色列的胜利),或者以违反国际法的方式通过博弈形成新的局面(例如,2014 年俄罗斯在乌克兰进行的活动)。

为避免军事冲突,两国之间往往通过小规模小范围的军事行动来解决一些领土问题或者是周边政权问题,从而形成"灰色地带挑衅"。而通过运用电磁战,可避免引发冲突的急剧升级,由于电磁战作战变幻莫测、无形而又迅速的特点,还能使敌方无法及时做出反应。

电磁频谱战作为电磁战中的一个重要对抗部分,受到世界各国越来越大的重视。各国已在电磁战斗中进行了深入的探索,电磁频谱战的开端是有源网络和无源网络的竞争,进而转向到有源网络之间的对抗,再到现在的低零功率对抗,说明作战的重心在逐渐转变。低零功率对抗在最开始的冷战时期,为了降低被发现的风险而被提出,如对传感器波形功率进行调整或者是无源传感器对电磁信号进行"隐身"。

但冷战结束后,各国的电磁频谱技术转到一个新的阶段,各国针对美军冷战时期的电磁频谱进行对抗决策,尤其的在低可探测平台、

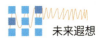

无源传感器、电磁频谱通信网络等进行了研究和改进。至此低零功率电磁频谱战对抗正式出现在了大家的面前。

低功率到零功率对抗是一种新型的作战概念，通过使用不易被截取的传感器件，降低作战中被检测甚至截获的概率，保证己方作战的安全性。低零功率对抗往往在特殊的作战环境中有着独特的效果，尤其在低强度的军事活动或者准军事活动中，为了解决一些敏感的灰色问题，如领土纠纷或者政权安全，需要小规模的战斗行为，往往需要通过代理方和准军事部队进行作战，此时低零功率对抗就能起到良好的作战效果。

低零功率对抗技术是新一代电磁频谱作战系统不可或缺的一部分，而为了保障作战行动中的有效性，需要系统有网络化、便携性、功能性、自适应能力等特点。其核心思想主要包含两点：一是利用低零功率技术进行有源或者无源信息对抗，发射诱饵信息或者抵近干扰降低敌方的探测能力；二是利用低截获概率的传感器和通信技术减少被探概率，提高信息安全性。

无源或多基地探测

在低零功率对抗中，感知和通信网络需要满足低风险、反检测、稳定性强的要求，一般采取以下三种应用方式来进行无源或多基地探测：

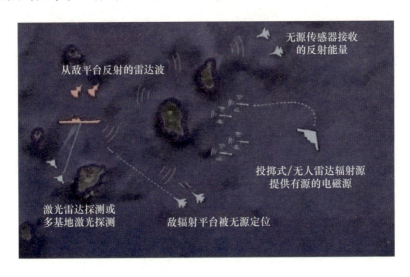

（1）无源传感器探测。

战场中一般通过射频信号或红外辐射信号进行信息传递，通过无源传感器进行信息探测。因此，可以利用多个无源传感器对目标辐射源进行三角探测，精准确定敌方位置信息。而若目标辐射源处于移动状态，可对辐射信号的多普勒频移进行分析探测，从而达到相同的定位效果。若想预防反探测，可以对探测目标发射投掷式载荷信号。

（2）多基地定位技术。

多基地定位技术是指多个作战设备相互协同，分工合作定位出地方位置。辐射源可以向目标发射射频或红外能，然后由己方其他无源传感器接收。联网能确保己方接收机知晓辐射源的位置及其照射脉冲的特征。由于辐射源很可能会被反探测，它们可以是投掷式载荷。

无源探测系统的核心需要系统对周围的射频环境及辐射源信号进行掌握，在进行行动前要进行多种条件设施的准备，包括射频信号发射，建模准确度保证，平台及传感器电磁环境评估。这样就可以利用非合作反射信号对威胁目标进行定位。

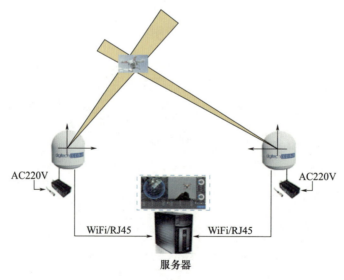

无源探测系统

（3）低截获概率/低探测概率激光装置。

低截获概率/低探测概率激光装置与雷达相似，通过向被探测目标发射激光，并由接收传感器接收反射回的"回波"，从而确定探测目标的位置信息，相比于雷达，激光探测装置的精度更高。同时，激光装置除了可以与接收传感器处于同一平台，还可以采用多基地技术与接收传感器分离，进行协同探测。此外，激光相比于雷达的射频信号，具有不易被探测的特性，且能够更好地进行对探测目标的聚焦，也没有雷达信号的旁瓣特征，因此能够以更小的资源进行更加准确地探测。

利用反射能定位敌方部队

反射定位是指己方部队利用敌方通信系统、电视和无线电广播等辐射源、甚至太阳的辐射，通过无源雷达来接收所有潜在目标的反射回波，从而达到对敌方部队的定位。此外，由于反射定位可能存在较大位置误差，因此需要己方雷达掌握周围的电磁环境态势，以及相关的辐射源作战状态和信息，从而根据射频环境特征不断实时调整定位信息。

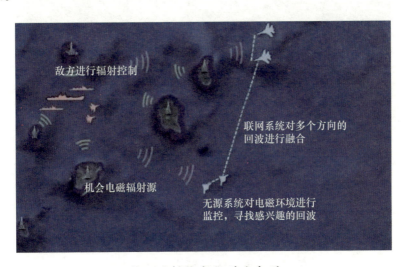

利用反射能定位敌方部队

在敌反介入／区域拒止包络中作战

随着敌方对电磁战斗管理的不断加强，反介入或区域拒止的范围不断增大，在远程进行有源对抗的难度越来越大，这种对抗方式并不能长久持续下去。因此，己方急需一种近距离作战且不被探测到的作战方式。同时，在近距离作战中，无源传感器虽然在发挥着主要作用，但考虑到敌方也会部署无源传感器，也可能采用光电／红外传感器或聚焦的雷达波束来实施攻击。针对敌方的无源传感器，可使用低功率激光装置来进行对敌迷惑，将己方频谱特征进行"撒网"覆盖，将敌方传感器引诱至其他区域。

保护己方不被探测和攻击

即使在低零功率的作战模式下，面对敌方近距离的传感探测，我方部队仍有被探测到的可能性。因此，我方自卫系统须具备低截获概率／低探测概率特征，且能在宽频带上探测威胁并产生效果，使得作战设备仅在需要时工作并能将其辐射迅速地降低到所需的最小功率电平。

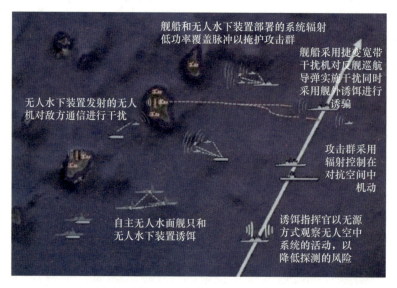

在敌反介入／区域拒止包络中作战

电磁频谱网络通常依赖控制系统对分布式参与方进行行动管理和协调,并通过保密的低截获概率数据链实现作战部队和作战设备的互联。比如美军应用的海军向集成火控－防空系统以协同交战系统为基础,对雷达和预警机进行预警探测网络协同,控制主体为通信中继节点和综合指控中心,在防空安全方面构建了一个完整的作战链路。

协同作战系统其实是美军在原系统基础上利用计算机通信等技术,将航母战斗群中的多系统,如目标探测系统、指挥控制系统、武器系统等统一协调起来,以实现战斗信息共享,大幅度提高航母编队的战斗能力,而现在协同作战系统在电磁频谱中有着更加广泛的应用。

电磁频谱系统最需要的能力就是自适应能力,目的是在遭遇到对抗库中不存在的新型威胁时,依然可以快速完成对应功能的实现。对系统的期望是能够在大频率范围中,可以对频谱探测威胁进行评估,甚至可以找到敌方频谱的漏洞信息。综合性的电磁频谱系统功能将对任务进行引导,通过频谱感知对电磁环境影响进行评估,基于信号特征位置等进行信息识别,对识别的威胁信号进行对抗,形成一个完备的对抗体系。

参考文献

[1] 丁士章.简明物理学史[M].太原：山西人民出版社，1988.

[2] 厚宇德.物理文化与物理学史[M].成都：西南交通大学出版社，2004.

[3] 郭奕玲，沈慧君.物理学史[M].北京：清华大学出版社，1993.

[4] 陈毓芳，邹延肃.物理学史简明教程[M].北京：北京师范大学出版社，1986.

[5] 李金旭，李昱.威廉·吉尔伯特对磁学的贡献[J].磁性材料及器件，1998（6）：52-53.

[6] 宋德生，李国栋.电磁学发展史[M].南宁：北京师范大学出版社，1987.

[7] 卡约里.物理学史[M].呼和浩特：内蒙古人民出版社，1981.

[8] 韦斯科夫.二十世纪物理学[M].北京：科学出版社，1984.

[9] 胡炜林，朱然刚，彭闯，等.电磁环境态势生成与认知技术研究现状与展望[J].探测与控制学报，2022，44（06）：8-17.

[10] 王天乐.国内复杂电磁环境研究与展望[J].网络安全技术与应用，2021（07）：170-172.

[11] 阙渭焰.电磁作战环境概念分析[J].强激光与粒子束，2017，29（11）：84-87.

[12] 姚富强.天地一体化生态电磁环境的构建[J].中兴通讯技术，2016，22（04）：29-33.

[13] 许雄，汪连栋，王国良，等.电磁环境的分层认知概念及其应用[J].航天电子对抗，2015，31（04）：29-31，60.

[14] 陈行勇，张殿宗，钱祖平，等．战场电磁环境复杂性定量分析研究综述［J］．电子信息对抗技术，2010，25（04）：44-51．

[15] 孙国至，刘尚合．电磁环境效应内涵研究［J］．中国电子科学研究院学报，2010，5（03）：260-263．

[16] 沈国庆，郑东，王彦碧．国内外复杂电磁环境适应性标准研究综述［J］．环境技术，2019（S2）：19-26．

[17] 许正文，薛昆，赵海生，等．发展我国自主电波事业的若干建议［J］．中国科学基金，2022，36（06）：963-971．

[18] 金慧琴，王正磊，宋斌斌．复杂地形条件下电波传播特性预测［J］．信息通信，2017（10）：15-18．

[19] 国际电信联盟．无线电规则［M］．日内瓦，2016．

[20] 兰峰，彭召琦．卫星频率轨位资源全球竞争态势与对策思考［J］．天地一体化信息网络，2021，2（02）：75-81．

[21] 李国强，徐启，郭凯．ITU标准及其卫星轨道与频率资源申请规定解析［J］．中国标准化，2020，571（11）：224-228．

[22] 蒋春芳．卫星频率及轨道资源管理探究［J］．中国无线电，2007，137（01）：26-29．

[23] 欧孝昆，李勇，张日军．卫星频轨：竞相争夺的战略资源［N］．解放军报，2010-05-06（012）．

[24] 徐小涛，李建国，刘鹏．“星链”卫星移动通信系统的发展现状及启示［J］．国防科技，2022，43（02）：15-19，117．

[25] 李喆，孙冀伟，尚炜，等．国外主要低轨互联网卫星星座进展及启示［J］．中国航天，2020，507（07）：48-51．

[26] 吴树范，王伟，温济帆，等．低轨互联网星座发展研究综述［J］．北京航空航天大学学报：1-13．

[27] 徐小涛，庞江成，李超．星座卫星移动通信系统最新发展及启示［J］．国防科技，2021，42（01）：100-105．

[28] 宋昊，王彤，马鑫．低轨卫星互联网现状及其建议［J］．中国新通信，

2020, 22 (19): 61-63.

[29] 吴巍. 天地一体化信息网络发展综述 [J]. 天地一体化信息网络, 2020, 1 (01): 1-16.

[30] 刘李辉, 王昊, 姚飞. 2021 全球航天发射活动分析报告 [J]. 卫星与网络, 2021, No.217 (12): 18-40.

[31] 中华人民共和国工业和信息化部. 中华人民共和国无线电频率划分规定. 中华人民共和国工业和信息化部令第 46 号 [A/OL]. (2018-02-07). http://www.gov.cn/gongbao/content/2018/content_5306824.html.

[32] 陈旭彬, 任培明. 我国无线电频率划分现状研究 [J]. 数字通信世界, 2015 (0) 9: 326-328.

[33] 中华人民共和国工业和信息化部. 地面无线电台（站）管理规定. 中华人民共和国工业和信息化部令第 60 号令 [A/OL]. (2022-12-30). http://www.gov.cn/gongbao/content/2023/content_5745291.html.

[34] 苗青. 太阳耀斑识别及记录系统的研究与应用 [D]. 山东: 山东大学, 2022.

[35] 听闻今史. 每 8 秒发出一次异响, 140 米高的雷达, 一旦开机将影响全球通讯 [EB/OL]. (2022-11-28). https://mil.sohu.com/a/611023674_121165155.

[36] 中华人民共和国工业和信息化部. "黑广播" 是什么? [A/OL]. (2022-04-21). https://www.miit.gov.cn/jgsj/wgj/kpzs/art/2022/art_708a02e922b34488977914d81d825c7e.html.

[37] 中华人民共和国工业和信息化部无线电管理局. 2022 年打击治理 "黑广播" "伪基站" 情况 [A/OL]. (2023-02-22). https://wap.miit.gov.cn/jgsj/wgj/gzdt/art/2023/art_cde2fcec5fc04419b8b64ffeb301aaa2.html.

[38] 江苏省工业和信息化厅无线电监督检查处. 苏鲁两省齐心协力查实一起罕见的航空气象雷达干扰 [A/OL]. (2019-12-29). http://gxt.jiangsu.gov.cn/art/2019/12/29/art_6288_8892169.html.

[39] 中华人民共和国中央人民政府. 中华人民共和国民法典 [A/OL]. (2020-06-01). http://www.gov.cn/xinwen/2020-06-01/content_5516649.html.

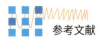

[40] 中华人民共和国中央人民政府. 中华人民共和国刑法修正案（九）[A/OL]. (2015-08-30). http：//www.npc.gov.cn/zgrdw/npc/xinwen/2015-08/31/content_1945587.html.

[41] 中华人民共和国工业和信息化部无线电管理局. 中华人民共和国无线电管制规定[A/OL]. (2021-11-03). https：//www.miit.gov.cn/jgsj/wgj/flfg/art/2021/art_1f8b7b710b444344abe4c530fd3c5c8a.html.

[42] 张洪顺，王磊. 无线电监测与测向定位[M]. 陕西：西安电子科技大学出版社，2011.

[43] 高西全，丁玉美. 数字信号处理[M]. 陕西：西安电子科技大学出版社，2018.

[44] TSUI J，CHENG C H. 宽带数字接收机技术[M]. 北京：电子工业出版社，2021.

[45] 熊开封，李如红，孙利敏，等. 无线电测向综合技术项目化实训教程[M]. 重庆：重庆大学出版社，2016.

[46] 周鸿顺. 频谱监测手册[M]. 北京：人民邮电出版社，2006.

[47] 翁木云. 频谱管理与监测[M]. 北京：电子工业出版社，2022.

[48] 许立登，王安，吴彪. 用频系统频谱特性检测准确性问题研究[J]. 中国无线电，2019（02）：63-65.

[49] 贾立印，雷斌，肖凯宁，等. 用频装备检测电磁环境分类与量化方法研究[J]. 中国电子科学研究院学报，2010，5（03）：253-259.

[50] 杨峰. 微波技术与天线[M]. 北京：高等教育出版社，2016.

[51] 付丽虹. 浅析无线电频谱监测领域常用专业术语[J]. 中国无线电，2022（08）：56-58.

[52] 冯志轩，余娇. 浅谈无人机飞行的空管保障措施[J]. 科技资讯，2019，17（04）：112-113.

[53] 于飞，刘东华，贺飞扬. 无人机"黑飞"对电磁空间安全的挑战[J]. 中国无线电，2018（08）：43-44.

[54] 黄伟. 无人机有序管理亟需协同施策[J]. 民航管理，2017（07）：31-35.

［55］吴江英.核心安保、创新技术、专业服务，海能达成功为 G20 杭州峰会提供通信保障服务［J］.数字通信世界，2016（10）：76–78.

［56］李源，张雨露，丁郁，等.无源物联网通信研究进展与演进思考［J］.物联网学报，2013：1–13.

［57］彭长生.物联网通信线路规划助力智慧城市发展［J］.通信与信息技术，2022：21–22.

［58］辛伟.浅谈民用航空机场导航信号干扰因素与应对措施［J］.数字通信世界，2021（05）：100–101.

［59］韩晓.关于通用机场导航设施建设的思考［J］.中国工程咨询，2018（06）：65–68.

［60］周波，乔会东，戴幻尧，等.美国电磁蓝军建设情况分析［J］.航天电子对抗，2018，34（04）：62–64.

［61］张晓光.美军电磁环境效应试验设施及其能力分析［J］.航天电子对抗，2014，30（03）：31–33.

［62］范海文，李建伟，王世尧.信息化武器装备系统综合集成研究［J］.火力与指挥控制，2014，39（1）：218–221.

［63］赵俊峰，王海波，陈金俊.浅析美国空军信息化武器装备发展［J］.科学中国人，2014（12）：96.

［64］余同辉，李家垒.信息化武器装备与信息化战争［J］.兵工自动化，2007（12）：99–101.

［65］孟建新.把握信息化战场特点 加快信息化装备保障建设［J］.中国管理信息化，2016，19（20）：156.

［66］曾向红，王昊语.伺"机"而动：机会窗口视角下土耳其对第二次纳卡冲突的介入［J］.国际安全研究，2023，41（02）：49–80.

［67］彭亚平，杨飞帆.阿塞拜疆在纳卡冲突中的情报保障实践与经验［J］.情报杂志，2022，41（05）：22–25.

［68］王笑梦.无人机的天空 从俄乌战争看无人机的应用和发展［J］.坦克装甲车辆，2022（15）：60–66.

[69] 一剑.俄乌战争对台海局势的地缘冲击[J].坦克装甲车辆,2022(14):39-45.

[70] 江晓海,田效宁.中国军事通信百科全书·无线电管理分册[M].军内发行,2005.

[71] 中华人民共和国国务院.中华人民共和国无线电频率划分规定[S].中华人民共和国国务院公报,2018(20):59.

[72] 毛钧杰.电磁环境基础[M].西安:西安电子科技大学出版社,2010.

[73] 蒋晨晖.国际电信联盟无线电规则体系[J].上海信息化,2016(11):80-83.

[74] 祁权,杨琳.国际电信联盟发展现状概述[J].中国无线电,2020(08):28-30.

[75] RYAN M.Joint Publication 3-13.1 electronic warfare(book review)[J].J.Battlef.Technol,2007,10:40.

[76] 黄铭,杨晶晶,鲁倩南,等.无线电监测研究现状与展望[J].Hans Journal of Wireless Communications,2021,11:61.

[77] 张春磊,裴琴,易楷翔.美电磁频谱作战技术体系与应对策略研究[J].中国电子科学研究院学报,2022.

[78] DoD. Electromagnetic spectrum strategy[R].Washington D C:Department of Defense,2014.

[79] CLARK B,GUNZINGER M.Winning the airwaves:regaining america's dominance in the electromagnetic spectrum[R].CSBA,2015.

[80] 张春磊,王一星,吕立可,等.美军网络化协同电子战发展划代初探[J].中国电子科学研究院学报,2022,17(03):213-217.

[81] 刘松涛,雷震烁,葛杨,等.电子对抗干扰效果评估技术综述[J].中国电子科学研究院学报,2020,15(04):306-317.

[82] JUUTILAINEN J.Cyber warfare:A part of the Russo-Ukrainian war in 2022[J].2022.

[83] United States Special Operations Command.White paper:The gray zone

［R/OL］.（2015-09-01）.https：//info.publicintelligence.net/USSOCOM-GrayZones.pdf.

［84］United nations interim force in Lebanon［EB/OL］.（2007-05-27）.http：//www.un.org/Depts/dpko/missions/unifil/background.html.

［85］张文木.乌克兰事件的世界意义及其对中国的警示［J］.国际安全研究，2014（4）：1-26.

［86］金宁.美军电磁频谱战理念发展及能力建设现状探析［J］.军事文摘，2022（17）：7-10.

［87］VOTEL J L，et al.Unconventional warfare in the gray zone［J］.Joint Force Quarterly，2016，80（1）：102.

［88］游屈波，吴耀云，王松煜，等.对抗"低至零功率"电磁频谱战技术需求分析［J］.2019，34（4）：60-62.

［89］LI W C，WEI P，XIAO X C.TDOA and T2/R radar based target location method and performance analysis［J］.IEE Proe-Radar Sonar Naving，2008，152（3）.

［90］CLARK B，GUNZINGER M，SLOMAN J.Winning in the gray zone：Using electromagnetic warfare to regain escalation dominance［R］.CSBA，2017.

［91］POMERLEAU M.Air force wants a portable system to counter small drones［EB/OL］.（2018-10-31）.https：//defenseystems.com/articles/2016/01/06air-force-counter-small-uas.aspx.